「日本の酒蔵」のひみつ

名酒の歴史とこだわりがわかる本

酒蔵のひみつ研究会 著

Mates-Publishing

「日本の酒蔵」のひみつ

名酒の歴史とこだわりがわかる本
もっと味わう日本酒超入門

目次

4 はじめに
6 本書の見方
7 **第1章　日本酒の基礎知識**
8 日本酒にはどんな種類がある？
10 日本酒ができるまで
12 酒蔵はどんなところ？
13 蔵元・杜氏・蔵人とは？
14 ラベルの見方は？
15 日本酒の楽しみ方は？
16 本書掲載の酒蔵ＭＡＰ
17 **第2章　酒蔵の歴史・こだわり**
18 八戸酒造（青森県）　陸奥男山など

24 南部美人（岩手県） 南部美人
30 白瀧酒造（新潟県） 上善如水など
36 八海醸造（新潟県） 八海山など
42 小嶋総本店（山形県） 東光など
48 大七酒造（福島県） 純米生酛など
54 小林酒造（栃木県） 鳳凰美田
60 神亀酒造（埼玉県） 神亀など
66 小澤酒造（東京都） 澤乃井など
72 朝日酒造（新潟県） 久保田
76 宮坂醸造（長野県） 真澄など
82 車多酒造（石川県） 天狗舞など
86 黒龍酒造（福井県） 黒龍など
92 加藤吉平商店（福井県） 梵
98 磯自慢酒造（静岡県） 磯自慢
104 剣菱酒造（兵庫県） 剣菱など
112 油長酒造（奈良県） 風の森
118 平和酒造（和歌山県） 紀土など
122 旭酒造（山口県） 獺祭

はじめに

日本人が古来より親しんできた日本酒は、今では世界から注目されています。
ひとくちに日本酒と言っても、さまざまな原料や造り方があり、
地域や酒蔵によってさまざまな風味を楽しむことができます。
本書では、日本全国の酒蔵の酒造りのこだわりや歴史、
代表的な銘柄を紹介し、日本酒の魅力に迫ります。

本書の見方

施設・歴史

酒蔵の蔵や本社の外観写真だけでなく、関連する施設や歴史的な資料などを掲載する。

酒蔵名

各ページ紹介している酒蔵の名前を掲載。

八海醸造／新潟

八海醸造（はっかいじょうぞう）

南魚沼の自然と雪国の文化が育んだ、"きれいな酒"を造り続ける。

DATA
住所：新潟県南魚沼市長森1051
HP：https://www.hakkaisan.co.jp/

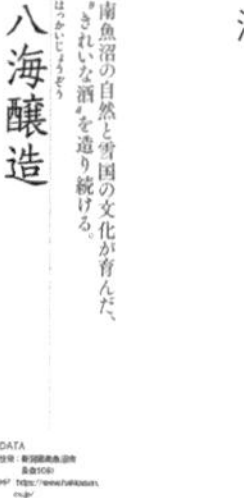

2015年秋よりレギュラー酒を含む一部商品の720ml、300ml瓶のキャップを変更。ワインが多く飲まれるようになったことから、日本酒を飲む際に瓶から酒器に移し替えるのではなく、手軽な大きさのボトルをそのまま卓上に置き直接うつわに注ぐという、飲食シーンの状況変化に対応したもの。瓶の「うつわ」としての存在感や美しさを考慮しボトルの注ぎ口を変更した。

技術の進化により全て機械で造ることも可能だが、八海醸造では、機械が人間の感度や精度に勝る部分にのみの使用。麹の水分量やさばけ具合、もろみの発酵の見極めなど、人の手や五感が活かされる工程については手作業で行い、量と質の両立を大事にしている。

本文

本文では酒蔵の歴史や概要を紹介する。

「よい酒を、より多くの人に」人為を尽くした日本酒造り

八海醸造は、新潟の地酒を代表する銘柄「八海山」の蔵元で、日本屈指の豪雪地帯である南魚沼の地に1922年（大正11年）創業した。

霊峰・八海山の伏流水「雷電様の清水」を仕込み水とし、選び抜かれた酒米と、人の手で丁寧に造られた麹を用いて、蔵長の道具と、長年の修練で身につけた技術を駆使して造りあげる酒は、食に寄り添いながら食事の邪魔をしない食中酒として多くの人に愛されている。

その飲み口は、辛口なのに尖ったところがなく、淡麗なのに深みがあり、旨みがあるのに飲み飽きないのが特徴だ。

全自動での酒造りが可能な時代において、八海醸造は、できうる限り人の手にこだわり人間の感度や精度に優っている部分にのみ機械を使用することで質と量のバランスをはかっている。

そして、「磨き抜かれた玉のようにきれいな酒」だからこそ、ボトルにもこだわる。食卓上にのせる演出を大事にし、酒器としての美しさを目指して、2000年・ミレニアムの記念にオリジナルボトル、2007年にひょうたん瓶のオリジナルボトルを作っている。

また、麹や発酵に関する研究を日夜行う研究機関としての側面も持っている。社内に研究棟を有しており、麹甘酒に関する研究の先駆けとして、便通改善や過剰摂取についての論文を発表してきた。

低温多湿な冬の気候や「雷電様の清水」の極軟水、雪国が育んだ生真面目な魚沼人気質、越後杜氏の伝統と、酒造りにはこの上ない土地柄であり、「神さまが酒を造るために作ったような場所」とも評される魚沼。この地の発酵文化を伝えるブランド「千年こうじや」や、雪室見学や食事、ショッピングが楽しめる「魚沼の里」を通じてお酒とともに雪国・魚沼の魅力を広く伝えている。

36 37

代表的な銘柄

純米大吟醸酒 純米大吟醸 八海山

特別本醸造酒 特別本醸造 八海山

純米大吟醸 八海山 雪室貯蔵三年

瓶内二次発酵酒 あわ 八海山

代表的な銘柄

その酒蔵を代表する伝統的な銘柄やおすすめの新商品などを紹介する。

こだわり・造り方

研究テーマは"米・麹・発酵"

酒造りで培った技術を活かし、"米・麹・発酵"をテーマに研究・開発に取り組む。便通がよくなったというお客様の声が麹甘酒の研究のきっかけに。

千年こうじや

38 39

こだわり・造り方

日本酒を造る際にその酒蔵がこだわっていること、特徴的なことなどを取り上げて紹介する。

第1章

日本酒の基礎知識

ひみつ①

日本酒にはどんな種類がある？

①日本酒の主原料は米と水

日本酒は日本人の主食である米と水を主原料として、日本独自の製法で造られた伝統的な酒のことを指す。ワインやビールと同じように、微生物である酵母の発酵によってできる醸造酒の一種。古くは弥生時代頃から造られていたと考えられ、室町時代には本格的な酒屋が誕生した。江戸時代になると、酒造りの方法技術が確立され、ますます盛んになり、多くの酒蔵が生まれている。

②同じ銘柄でも種類がある

同じ銘柄の日本酒でも種類がいくつかあり、純米酒かどうかといった基準に則った日本酒は「特定名称酒」と呼ばれる。基本的に原料の違い、精米歩合によって、純米酒、本醸造酒、吟醸酒と分けられる。

①純米酒(じゅんまいしゅ)

米、米麹のみを原料にして醸造したもの。米に由来する風味が豊かで、一般的に旨味やコク、ふくよかさなどの特徴が強く出る濃醇なタイプが多い。

②本醸造酒（ほんじょうぞうしゅ）

米、米麹だけでなく、少量の醸造アルコールを加えている。香りがより華やかになるなど、味や香りのバランスを整えることができる。

③吟醸酒（ぎんじょうしゅ）

純米酒または本醸造酒で、精米歩合60%（米の60%を削って残り40%で造っている）以下まで精米した米を使い、特別に吟味して醸造した酒。削るほど雑味のないすっきりとした味わいになるといわれている。

特定名称	使用原料	精米歩合	麹米使用割合	香味等の要件
吟醸酒	米、米麹、醸造アルコール	60%以下	15%以上	吟醸造り、固有の香味、色沢が良好
大吟醸酒	米、米麹、醸造アルコール	50%以下	15%以上	吟醸造り、固有の香味、色沢が特に良好
純米酒	米、米麹	—	15%以上	香味、色沢が良好
純米吟醸酒	米、米麹	60%以下	15%以上	吟醸造り、固有の香味、色沢が良好
純米大吟醸酒	米、米麹	50%以下	15%以上	吟醸造り、固有の香味、色沢が良好
特別純米酒	米、米麹	60%以下または特別な製造方法	15%以上	香味、色沢が特に良好
本醸造酒	米、米麹、醸造アルコール	70%以下	15%以上	香味、色沢が良好
特別本醸造酒	米、米麹、醸造アルコール	60%以下または特別な製造方法	15%以上	香味、色沢が特に良好

出展／酒類総合研究所

日本酒ができるまで

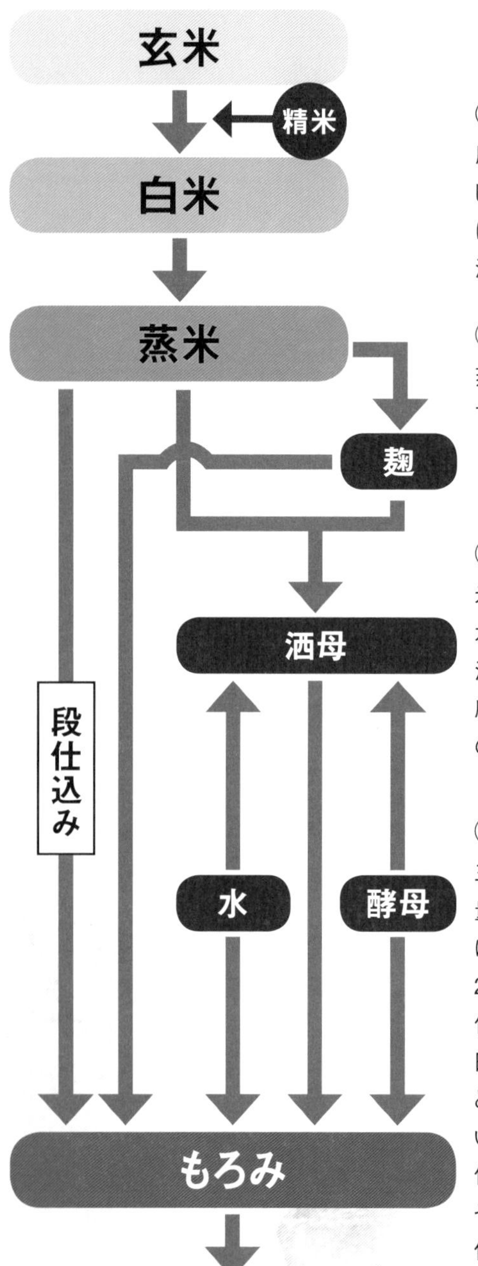

①精米・蒸米

原料となる玄米を精米し蒸すことから酒造りがはじまる。蒸し米から麹、酒母が造られる。

②麹造り

蒸し米に黄麹菌を植えて麹を造る。

③酒母

米麹と蒸し米、仕込み水を材料に酒母を造る。酒母には主に生酛、山廃酛、速醸酛の3種類の造り方がある。

④段仕込み

三段階に分けて酒母の量を増やしていく。初日は「初添」といって、2倍分の米麹、蒸し米、仕込み水を加える。1日休み、酵母がゆっくりと増えていくことを踊りという。3日目に2回目の仕込みをする（仲添）、そして4日目に3回目の仕込み（留添）をする。

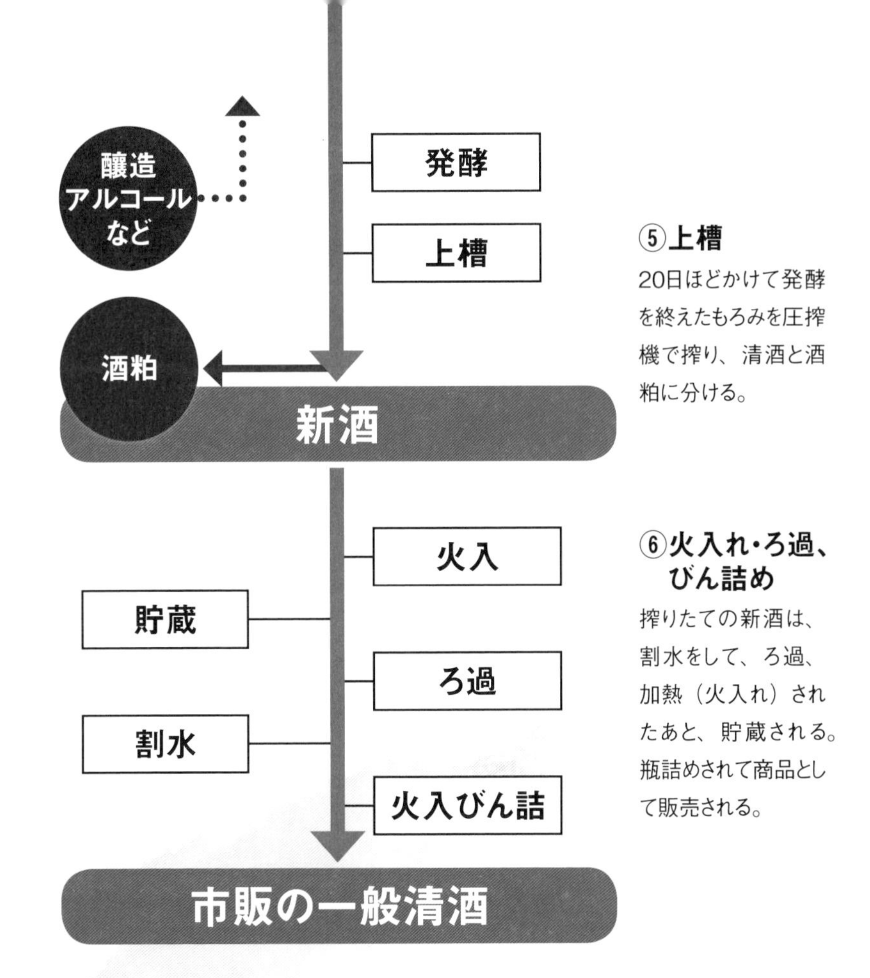

⑤上槽

20日ほどかけて発酵を終えたもろみを圧搾機で搾り、清酒と酒粕に分ける。

⑥火入れ・ろ過、びん詰め

搾りたての新酒は、割水をして、ろ過、加熱（火入れ）されたあと、貯蔵される。瓶詰めされて商品として販売される。

ひみつ③

酒蔵とはどんなところ？

日本酒を製造する製造元

酒蔵の蔵とは、もともと酒を貯蔵するための蔵のことだが、一般的には蔵元も酒蔵もほぼ同じ意味で使われることが多い。また、酒屋というと、酒を販売する酒販店を指し、製造は行っていない。それに対し、造り酒屋というと、酒の製造から販売までを行う蔵元を指す。

日本で最も酒蔵が多いのは新潟県

新潟県は89蔵もの酒蔵があり、日本で最も多い。日本酒造りに欠かせない条件である米、水、気候が揃った地域で、キレの良い口当たりが特徴だ。2番目に酒蔵が多いのは長野県で74蔵。飛騨山脈や木曽山脈などの良質な水源があり、酒造りに適している。3番目が69蔵の兵庫県。酒米である山田錦の産地であることや、六甲の名水でも有名である。
（国税庁「清酒製造業の概要平成28年調査分」より）

ひみつ④

蔵元・杜氏・蔵人とは？

蔵元

日本酒を製造・販売する製造元のことを指すが、経営者や製造元一家という意味で蔵元と使われることもある。初代、二代目、と代々の蔵元が引き継ぎ、酒蔵によってはその名前を襲名しているところもある。

杜氏

酒蔵の醸造責任者のことを杜氏という。リーダーとして、原料選びから、製造、貯蔵、熟成まで酒造りにおける一切を取り仕切る。伝統的な杜氏は、酒造りの時期だけ雇用されていたが、最近では蔵元が杜氏を兼任したり、正社員として雇用されるケースも増えている。

蔵人

杜氏の下で、酒造りを行う職人の総称。作業内容によって、酒米を蒸す「釜屋」や、米麹造りをする「麹屋」、酒母造りを担当する「酛屋」、もろみを搾る工程の責任者「船頭」などに分かれる。

ひみつ⑤

ラベルの見方は？

ラベルを見れば種類や原材料がわかる

日本酒のラベルには、法令等で表示が義務付けられているもの、また法令等で定められた要件を満たすときだけ表示できる項目がある。ラベルを見ることで、どんなお酒であるかがわかる。下記の他にも製造時期や製造者の名称及び製造上の所在地、二十歳未満の者の飲酒防止の注意、酒の特徴を示す語句（原酒、生酒、生貯蔵酒）などが表示される。

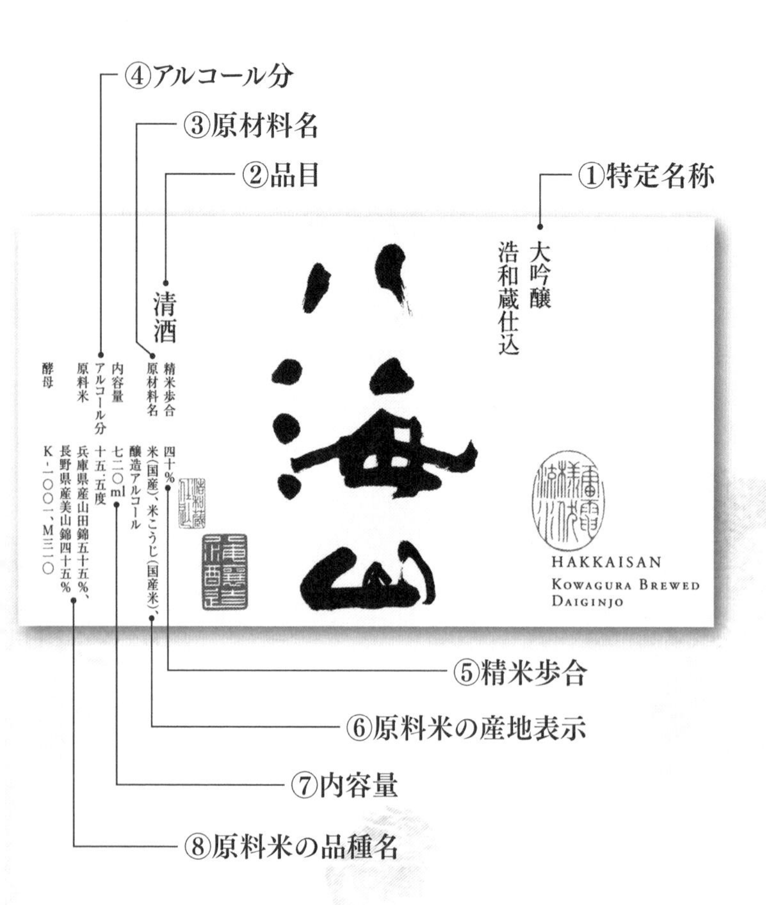

ひみつ⑥

日本酒の楽しみ方は?

燗酒にすることで香りと味わいを楽しむ

同じ酒でも、飲む温度によってさまざまな味わいが楽しめるのも、日本酒の魅力のひとつ。よく寒い冬には「熱燗」が好きという人も多いが、温かい酒全般を指すときは「燗酒」といい、熱燗とは50℃くらいの温度帯のお酒のことを指す。熱燗にするとキレのある香りと味わいになるのが特徴だ。

食事と一緒に楽しむ

ワインなどの洋酒で、食事の前に飲むのを「食前酒」というが、食事をしながら飲む「食中酒」という言葉も広まりつつある。「この料理にはこの日本酒」と、その日の料理と合わせた銘柄を選ぶなど、相性を考えるのも楽しいだろう。

本書掲載の酒蔵MAP

本書で掲載している全国の酒蔵の場所を地図で紹介。

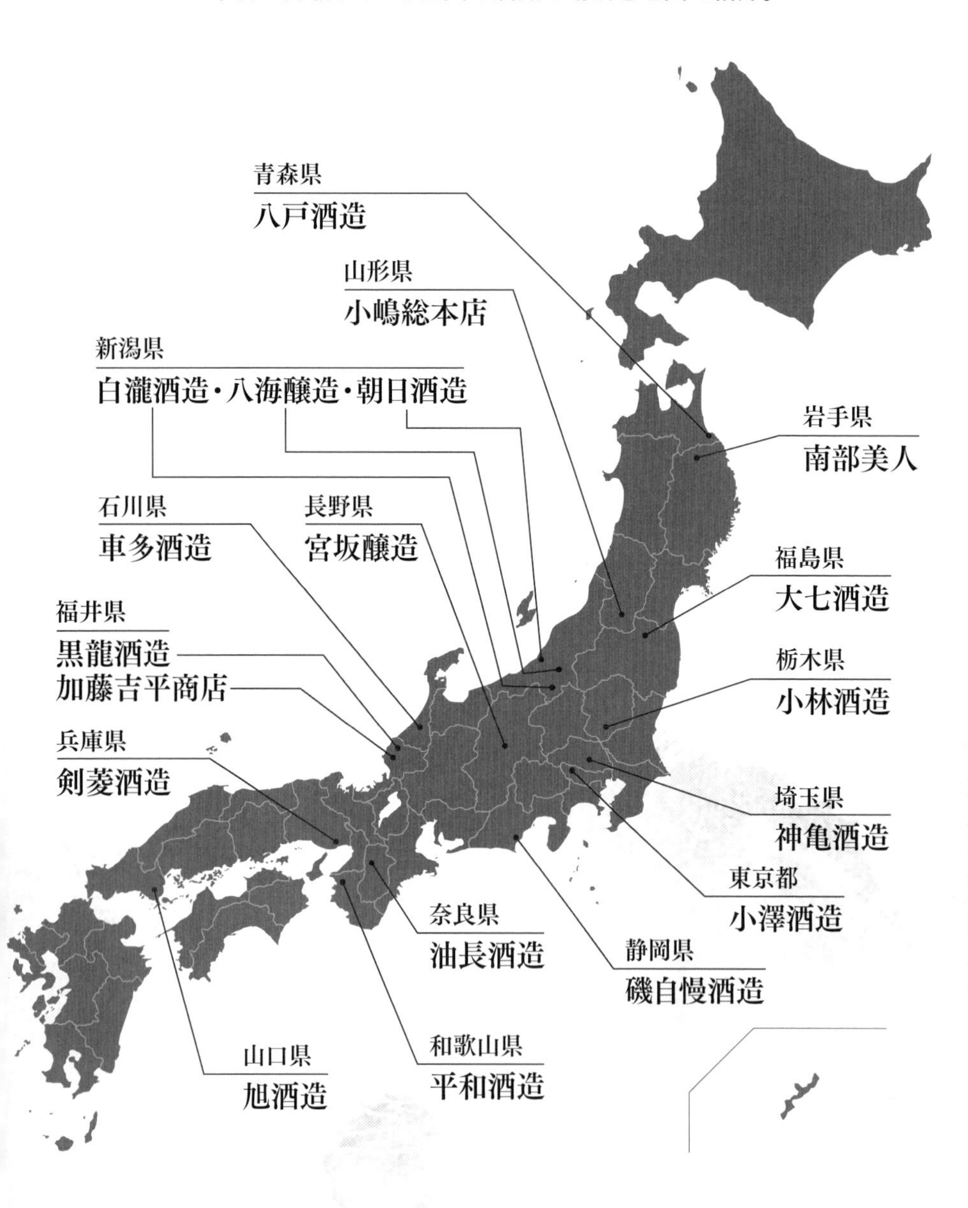

第2章

酒蔵の歴史・こだわり

八戸酒造（はちのへしゅぞう）

地元文化を世界に発信する拠点となる蔵

DATA
住所：青森県八戸市
大字湊町字本町9番地
HP：https://mutsu8000.com/

世界でも評価される日本酒と歴史ある蔵の活用で社会貢献

青森県八戸市で地域に根づいた酒造りを続ける八戸酒造は、元々近江商人であった創業者によって、１７７５年に創業された。その後、１８８８年から今に至るまで、八戸の地で代々酒を醸造している。

現在は蔵人の平均年齢30歳と活気のある蔵で、伝統を守りながらもその時代を捉える感性で新たな酒をプロデュースするなど、まだ見ぬ日本酒の味わいを追求している。

メインブランドは「陸奥八仙（むつはっせん）」。原料の米は全て地元、県南地区の契約農家から仕入れ、水は名水「蟹沢の水」を使用。硬度は高めでスッキリとしたきれいな味に仕上がる。

酵母も青森県で開発されたものという徹底ぶりで、米麹は従来焼酎造りに使われる白麹を用いた乳酸無添加の酒母造りだ。

「フレッシュでフルーティーな雑味のないきれいな味わいの酒質を目指しています」と八代目蔵元、駒井庄三郎さんは語る。これを実現するために食品工場並みの徹底した衛生

国内外で開催されたコンテストでもっとも評価された酒蔵を選ぶ「世界酒蔵ランキング2021」において酒蔵643社2044商品のうち第一位に輝く。真ん中は杜氏の駒井伸介氏。

通年、蔵見学を受け入れており予約優先。夏季はウィークデーのみ、冬季は土曜も営業しており、500円で日本酒の試飲も可能で、三種類以上の味を比べて楽しむことができる。

社会貢献の一環として始めた蔵を使った文化や芸術の伝承活動。音楽のコンサート、ライブイベント、パフォーマンス、展覧会の会場としても活用してきた功績が認められ、メセナアワード2018では優秀賞を受賞した。

管理も欠かせないという。そのこだわりは「世界酒蔵ランキング２０２１」で第1位を獲得するほか、数々のコンテストで評価を受けている。

日本酒のほかにも、青森県産のリンゴや桃を使用した果実酒や地元の牧場とコラボレーションしたヨーグルトリキュールの醸造、酒粕を活用したスイーツやバスボムの開発など、酒全体の間口を広げる努力も怠らない。

さらに、貴重な建物の見学と日本酒の試飲もできる蔵見学も行われている。酒造りの現場や工程を解説したムービー、昔使われていた道具の展示、国の文化財に指定されている蔵の数々を見ることができる。音楽や民俗芸能の舞台や、写真などの展覧会会場としても蔵を活用し、青森や八戸の文化や芸術の発信地としての役割も果たしている。

歴史

創業銘柄は「陸奥男山」。全国各地の男山ブランドに先駆け、1910年、五代目駒井庄三郎によって商標登録された。日本酒を造るための清酒製造免許以外にも、リキュール、粕取焼酎、果実酒、スピリッツの製造免許も取得した八戸酒造。日本酒を広めるため、酒の裾野を広めるために地元の作物などを使ったあらゆるジャンルの酒の醸造にチャレンジしている。

八戸酒造の建物のうち、北蔵、西蔵、煉瓦蔵、主屋、文庫蔵、煉瓦塀は大正年間に建設され、その文化財としての価値が認められ、「文化庁登録有形文化財」や「八戸市景観重要建造物」にも指定されている。

こだわり

こだわり① 蟹沢の水

仕込み水は名水「蟹沢の水」。やや硬度の高い水はスッキリとしたきれいな味わいの酒質を実現する。

こだわり② がんじゃ自然酒倶楽部

田植えから酒造りまでを体験し、自分で造った酒を味わえる「がんじゃ自然酒倶楽部」を主催。地域住人だけでなく、全国から日本酒ファンが集まる人気のイベントだ。

「陸奥八仙」や「陸奥男山」は平均年齢30歳の若き蔵人たちの手によって生み出されている。

Mixseed Seriesとは

若き蔵人たちがそれぞれプロデュースに挑戦した日本酒のシリーズ。Mixseedは「混ぜる・交わる」を意味する“Mix”と、「種」を意味する“Seed”を併せた造語で、これから芽を出す種のように、大きな可能性を秘めた若い蔵人たちが力を合わせ、お酒でそれぞれの表現を実現した。「飲みきりやすいほうがいい」という飲み手の要望も反映した500mlサイズ。2022年は、蔵人・木村さんの実家の米「まっしぐら」を使った「KM96」、”ドライな大人のシェイク” をイメージしたにごり酒「ShAKE(シェイク)」、リンゴ酸酵母を使用したシードルのような爽やかな微発泡の日本酒「Sake Cidre(サケ シードル)」、赤色酵母を使ったチャーミングな桜色の微発泡酒「しゅわわわっ」の4種類をリリースした。

酒粕を使用した商品

性別や世代を越えて日本酒に親しんでもらうため、酒粕を使用した商品開発にも余念がない。美肌成分を活かしたバスボムや陸奥八仙の味わいを気軽に楽しめるドーナツやチョコレートなども人気だ。

酒粕ドーナツ

陸奥八仙の大吟醸酒粕を使用し、相性の良いホワイトチョコレートをたっぷりとかけた焼きドーナツ。

陸奥八仙　大吟醸酒の酒粕クーベル

大吟醸の酒粕とフランス産ホワイトチョコレートを組み合わせ、上品な甘さの後に大吟醸酒の香りが広がる贅沢な一品。内容量：1袋2個入。

酒粕バスボム
八仙美人の湯
浴用化粧料

酒粕を主原料に、保湿成分「プロテオグリカン」やMede in 東北にこだわった生姜パウダーや粗塩などを配合。気分で選べる7種類の色とアロマの香りで肌にしなやかなうるおいを与えながらリラックスタイムを味わえる。内容量：130g（1個）

代表的な銘柄

陸奥八仙 特別純米

ブランド設立時から八戸で長く愛され続けている1本。味わいのバランスもとれていて、どの様な料理にも合わせやすく親しみやすい定番のお酒。冷やから燗酒と幅広い飲用温度帯で楽しめる。

（内容量）
300ml／720ml／1,800ml
（原料米:原材料）
麹米: 青森県産米
掛米: 青森県産米
（精米歩合）55/60%
（アルコール度数）15度

陸奥八仙 ISARIBI 特別純米

「漁師さんの食中酒」というイメージで造られた1本。スッキリとした後味、キレがいいため、特にイカやサバといった八戸の名産品に相性が良い。冷やから常温、ぬる燗がおすすめ。

（内容量）
720ml／1,800ml
（原料米:原材料）
麹米: 青森県産米
掛米: 青森県産米
（精米歩合）55/60%
（アルコール度数）15度

陸奥八仙 ピンクラベル 吟醸

メロンやバナナの様な香り高さは芳醇な旨味とマッチし口の中でじっくりと広がっていく。厚みのある味わいは日本食だけではなく、洋食にも合わせやすい1本。冷やがおすすめ。

（内容量）
720ml／1,800ml
（原料米:原材料）
麹米: 青森県産米
掛米: 青森県産米
（精米歩合）55/60%
（アルコール度数）16度

陸奥男山 超辛純米

創業銘柄「陸奥男山」の定番辛口酒。非常にキレがありスッキリとした味わいが特徴的。冷酒だけではなく、燗酒にしても楽しめる1本。冷やから常温、燗がおすすめ。

（内容量）
300ml／720ml／1,800ml
（原料米:原材料）
麹米: 青森県産米
掛米: 青森県産米
（精米歩合）55/60%
（アルコール度数）16度

日本酒海外進出の先駆け的存在

南部美人（なんぶびじん）

2001年に久慈酒造合名会社から代表銘柄「南部美人」を冠した社名になった株式会社南部美人。

日本酒で"KANPAI"
岩手から海外進出を果たした
南部美人革新の軌跡
120th anniversary of founding
南部美人
久慈浩介

五代目蔵元・久慈浩介さんが書いた『日本酒で"KANPAI"岩手から海外進出を果たした南部美人革新の軌跡』（幻冬舎刊）。創業120年の岩手の老舗酒蔵「南部美人」がグローバルブランドへと成長するまでの苦悩の軌跡がつづられている。

DATA
住所：岩手県二戸市福岡字上町13
HP：https://www.nanbubijin.co.jp/

ヴィーガン認証、Non-GMO認証の2つを世界初で取得した日本酒

「南部美人」は、岩手県内で契約栽培している酒米で造られており、南部杜氏のこだわりが光る日本酒だ。創業は1902年。もともと醤油屋を営んでいた本家から独立した初代が岩手県二戸市に移って酒造りを始めた。

最初は「堀の友」という銘柄だったが、太平洋戦争から戻ってきた三代目の久慈秀雄さんが南部美人の名前に変えた。秀雄さんは、二戸でしか飲まれていなかった南部美人を盛岡に進出させ、盛岡から岩手県中に販路を広げていった。四代目の浩さんの代には南部美人を東京に持って行き、沖縄から北海道まで日本中に取引先を増やしている。

そして、当代（五代目）の浩介さんは、南部美人の海外進出を進め、現在では55カ国に輸出をしている。2017年にはインターナショナルワインチャレンジで世界一の称号のチャンピオンサケを受賞した。

また、2016年の仙台国税局主催の秋

インターナショナルワインチャレンジ（IWC）のほかにも、全国新酒鑑評会での複数回の金賞、そして2016年の仙台国税局主催の秋の鑑評会の最優秀賞など数々の受賞歴がある。

本社蔵の他に、2014年には馬仙峡蔵での酒造りも開始している。全国新酒鑑評会にて金賞を受賞している。

「南部美人」のロゴは昔からひげ文字という書体にこだわって書かれ、四つ文字でバランスが成り立っている。名付けたのは三代目。由来は戦後米が不足し、酒も美味しくないものが多いなかで美しい酒＝「南部の国（＝旧南部藩）の美人の酒」を造りたいという思いから。

の鑑評会で最優秀賞、全国新酒鑑評会金賞も多数受賞。２０２０年の天皇陛下誕生日レセプションでは乾杯酒に選ばれ、Ｇ20大阪サミットの夕食会でも提供されるなど、日本を代表する日本酒銘柄のひとつとなった。日本の航空会社だけでなく、エミレーツ航空、エティハド航空など海外の航空会社のファーストクラス、ビジネスクラスの機内酒にも採用されている。海外進出に伴い、南部美人は２０１３年に日本酒では世界で二番目のコーシャ（ユダヤ教の食品規定）認証を取得。さらに、２０１９年には世界初のヴィーガン認証を、２０２０年には日本酒では世界初のＮｏｎ－ＧＭＯ（非遺伝子組み換え）の認証も取得した。

「世界で日本酒を広げていくためには、人種の壁、言葉の壁、宗教や思想の壁を越えていかなければならないとずっと思っていたのをこのような形にしました」と浩介さんは語る。１９９７年からスタートした海外への挑戦は着実に実を結んでいる。

こだわり・造り方

こだわり① ぎんおとめ

米は、地元岩手県二戸市含め岩手県の各地で、作り手がわかる契約栽培を増やし、米から一緒に作ろうという意識を持っている。品種は二戸市で試験栽培し、自社で試験醸造した岩手県産のオリジナルの「ぎんおとめ」にこだわり、もっとも多く使っている。そのほか、岩手県産の「結の香」「吟ぎんが」「美山錦」なども使用。

こだわり② 折爪馬仙峡（おりづめばせんきょう）の伏流水

南部美人は中硬水である折爪馬仙峡の伏流水を使用している。折爪岳は7月になるとヒメボタルが乱舞する、水のきれいな場所だ。

こだわり③ しぼり

一番のこだわりである「しぼり」。酒をしぼった後、どれだけ早く火入れ殺菌をして低い温度で貯蔵するかを酒造りでは最も重視しているという。昔の杜氏たちは、しぼった後、3〜5ヶ月経ってから火入れをしていた。それは、しぼった瞬間の酒が70点くらいで、寝かせると80〜90点になることもあったから。現在はしぼった瞬間に100点の酒ができるため、時間が経つほど味が落ちてしまう。しぼった瞬間の完璧な酒を封じ込めるため、即座に瓶詰めする。

こだわり④ 仕込み

酒造りにはその作業工程ごとに何十曲もの「酒仕込み唄」があり、南部杜氏の「日本の酒造り唄」としても何曲も残されている。その理由は、時計のない時代に唄で時間を計るため。もうひとつは、100人ほどの人が集まって酒造りをしていた時代に造り手たちを鼓舞し、気持ちを高めるためだった。南部美人では留仕込み唄という、三段仕込みの一番最後を仕込むときの唄を歌っている。南部杜氏の技術はもちろん、南部杜氏に伝わる酒仕込み唄も南部杜氏の心として受け継いでいる。

こだわり⑤ 火入れ

通常の火入れは2回だが、南部美人では最新のパストライザークーラーで一度だけ火入れをし、すぐにマイナス5℃の倉庫に保管させている。

代表的な銘柄

南部美人
純米大吟醸

JALのファーストクラスで機内酒にも採用されたこともある、南部美人のなかでも評価の高い純米大吟醸。日本最大の酒コンテスト、SAKE COMPETITION 2018の純米大吟醸部門で第1位を獲得した実績を持つ、豊かな香りと濃密な味わいのバランス良い格調高い酒だ。

（内容量）
720ml／1,800ml
（原料米・原材料）
山田錦
（味）華やか芳醇
（精米歩合）35%
（アルコール度数）16〜17度
（使用酵母）M310、他
（日本酒度）-1
（酸度）1.4

南部美人 大吟醸

山田錦やぎんおとめの特等を磨きあげて仕込んだ、華やかな香りと綺麗な酒質の中に甘みと旨味も効いている淡麗な大吟醸。「ワイングラスでおいしい日本酒アワード2018」で最高金賞を受賞。ニューヨークの一流レストランや全日空のビジネス、ファーストクラスでも提供されている。

（内容量）
720ml／1,800ml
（原料米・原材料）
山田錦、特等ぎんおとめ
（味）華やかシャープ
（精米歩合）40%
（アルコール度数）16度
（使用酵母）ジョバンニ・他
（日本酒度）+1
（酸度）1.3

南部美人
特別純米酒

インターナショナルワインチャレンジでチャンピオンサケを獲得した南部美人のフラッグシップ。エミレーツ航空とエティハド航空の機内でも提供されている。ぎんおとめを使用し、麹、酵母などもすべて岩手のものにこだわって醸造している。現在では世界55カ国に出荷されている。

（内容量）
300ml／720m／1,800ml
（原料米・原材料）
ぎんおとめ
（味）芳醇濃厚
（精米歩合)55%
（アルコール度数）15〜16度
（使用酵母）ジョバンニ
（日本酒度）±0
（酸度）1.5

糖類無添加「梅酒」

南部美人のブランドを高めるために挑戦した、甘味料を一切使用していない梅酒。南部美人の特殊技術「全麹仕込み」を応用し、純米酒本来の旨味も効いたすっきりと軽快で大人な味わい。幅広い料理とマッチする。冷やしてワイングラスで飲むのがおすすめ。

（内容量）
720m／1800ml
（原材料）
清酒(全麹仕込み純米酒)、梅
（味）爽やかですっきり
（アルコール度数）9〜10度
（日本酒度）-35
（酸度）2.5

スーパーフローズン 瞬間冷凍 純米大吟醸 生原酒

「その酒は、生まれたままの味を記憶している。」世界初の瞬間冷凍のお酒。しぼりたての南部美人を瞬間冷凍することによって酒蔵でだけ飲むことができた味わいを、日本中や世界中でも距離をゼロにして楽しめるようになった。

（内容量）
300ml／720ml
（原料米）
ぎんおとめ、山田錦
（味）華やかフレッシュ
（精米歩合）50%
（アルコール度数）15度
（使用酵母）非公開
（日本酒度）-2
（酸度）1.3

南部美人 あわさけ スパークリング

南部美人初の瓶内二次発酵。心地よい吟醸の香りに優しい口当たりで、スパークリングの爽やかさの後にしっかりと米の旨味も感じられる。天皇陛下誕生日レセプションで乾杯酒に使われ、世界の乾杯酒を目指している。SAKE COMPETITIONで2年連続、発泡清酒部門1位を獲得している。

（内容量）
360ml/720ml
（原料米・原材料）
米(国産)、米麹(国産米)
（味）爽やかフレッシュ
（精米歩合）非公開
（アルコール度数）14度
（使用酵母）非公開
（日本酒度）-20
（酸度）1.6

南部美人 クラフトウォッカ

ウォッカ製造の国際ルールはたった一つ、それは「穀物を発酵させて蒸留したものを白樺の活性炭で濾過すること」。当初、白樺の活性炭をどうすべきか迷ったが、岩手の炭の生産量が日本一だったと気付き、炭作りの仲間が白樺の炭も作っていると知った。そこで彼が作った、岩手山の隣の久慈市にある平庭高原の白樺100%で作った炭を使ってウォッカを製造した。

（内容量）
200ml／700ml
（アルコール度数）40度

南部美人 クラフトジン

日本のクラフトジンは世界でも評価が高く、外国からの観光客や海外の現地の人々も期待していて、南部美人がクラフトジンを造るなら取り扱いたいという海外の店舗も多くあったとのこと。ジンは木や木の葉、花などボタニカルな素材が使えるので、二戸の一番の名産で世界遺産にもなっている漆を使用した。

（内容量）
200ml／700ml
（アルコール度数）40度

水とともにそのさきへ

白瀧酒造（しらたきしゅぞう）

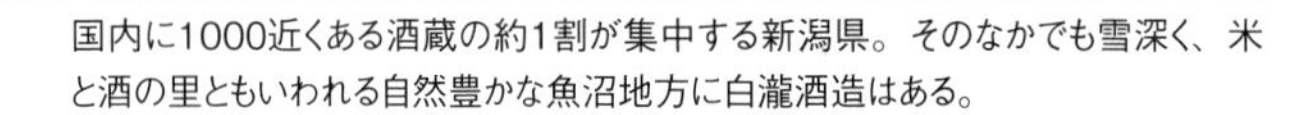

国内に1000近くある酒蔵の約1割が集中する新潟県。そのなかでも雪深く、米と酒の里ともいわれる自然豊かな魚沼地方に白瀧酒造はある。

「最上の生き方は水のようである」という老子の言葉が由来となった白瀧酒造の代表銘柄「上善如水」。若者や日本酒に馴染みのない人にも日本酒を飲んでもらうため、それまでの既成概念を壊し、さらりとした味わいの気楽に飲める酒を目指して誕生した、白瀧酒造のチャレンジ精神を表す酒。発売当初は賛否両論だったが、今では全国にその名が知れ渡る。どれも冷やして口の広い酒器で飲むとより香りが楽しめる。

DATA

住所：新潟県南魚沼郡湯沢町大字湯沢2640番地

HP：www.jozen.co.jp

軽やかで甘くやわらかな雪解け水のような日本酒を

代表銘柄「上善如水（じょうぜんみずのごとし）」の名のように、水のように生き、水の良さを活かすことを大切にしている白瀧酒造。創業は江戸時代の安政2（1855）年で、創業者の湊屋藤助が江戸に続く三国街道の要衝、湯沢宿で居呑み酒屋を開き、往来する人々に日本酒をふるまった。その後、信越線の開通とともに列車が使われるようになると三国街道が使われなくなったため、白瀧酒造はすぐに品質重視の酒造りに方向を転換。新潟でも優秀な杜氏が排出される野積から杜氏を招いて品質の向上を図った。白瀧酒造の酒はその土地柄、昔は三国街道を歩いた旅人や商人づてに、現代では観光客づてにじわじわと知名度を上げていったそうだ。「白瀧」という名は、このときの杜氏の流派・泉流ののれん分けの証である「白」の字と、酒造りに「不動滝」の水を使っていたことから名付けられている。現在のロゴマークも白瀧酒造が最も大切にする水を模しており、「上

実際に白瀧酒造の酒を購入したり、試飲が楽しめるショールーム。営業時間は平日の10:00〜15:00まで（最終受付14:00）。

安政2（1855）年の創業当時は、越後と江戸をつなぐ三国街道の要衝、湯沢宿で旅人や行商人を酒でもてなしていた。

現在は七代目の社長、高橋晋太郎さんと七代目杜氏、松本宣機（たかき）さんを筆頭に一丸となって酒造りを続ける白瀧酒造。

善如水」の言葉が表すように「水のように生きる」「水とともに酒造りも次の世代へ進んでいく」という意図が込められている。

代表銘柄である「上善如水」が生まれたのは、意外にも平成に入ってから。革新的な経営や酒造りを始めた先代（六代目）社長の頃に発売された。元々スキー客や観光客向けに酒を提供していたが、なかなか日本酒は売れない。そんな中、「若い人も手に取りやすいデザインで、ワインのように気楽にさらりと飲めるものを」と、日本酒の概念を打ち壊して誕生したのがこの酒だった。

発売当初、日本酒好きの玄人には受けなかったが、気軽な飲みやすさから日本酒を飲んでこなかった新たなファンを次々と獲得していった。杜氏が常に意識するのは、世界でも有数の雪深い越後湯沢のきれいな雪解け水の、軽やかでやわらかく、甘みのある味わいの良さをそのままに、きれいに磨き上げ酒として表現することだ。これからも「上善如水」らしい味わいを守りつつ、現状に満足せずに白瀧酒造らしい先見の明とチャレンジ精神で新しい日本酒を造り続けるだろう。

蔵のこだわり

こだわり① 白瀧酒造の基礎

昔ながらの生酛造り・山廃造りを踏襲しつつ、日本酒の“間口を広げる”取り組みも。低アルコールの日本酒や自然界から採取した酵母を使った日本酒など、これまで日本酒を飲まなかった人にも美味しさを知ってもらえるような新商品の開発に貪欲にチャレンジしている。

こだわり② 蔵人の意識

安定生産できる設備を駆使しながらも、「ここが品質の頂点ではない」という姿勢で常に新たな製造方法を模索するのが白瀧酒造流。

こだわり③ 「上善如水」のやわらかさの維持

「上善如水」の最大の特長は、清冽な雪どけ水のような口当たりのやわらかさ。そのやわらかさを保つため、安定した品質のまま低温貯蔵できるサーマルタンクを導入。1年を通して変わらぬ味わいを、国内外の出荷先に届けている。

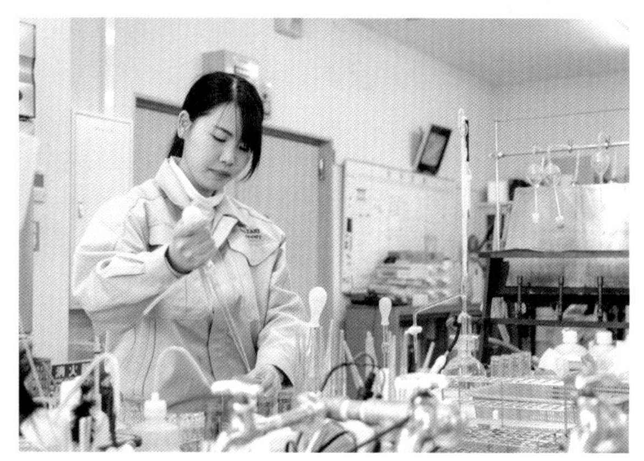

こだわり④ 研究室

白瀧酒造の研究室にはその日に造った麹や醪（もろみ）、搾ったばかりの日本酒などのサンプルが持ち込まれ、多項目にわたる成分分析が行われる。また分析はもちろんのこと、蔵人が日々の利き酒と造りの状況を把握するための五感を磨く場にもなる。

こだわり⑤ 越後湯沢の雪解け水

白瀧酒造の仕込み水は、世界有数の豪雪地帯である新潟県湯沢町の雪解け水。春に溶けた雪が地面に染み込んで濾過され、約50年かけて清らかな地下水となる。代々杜氏たちが意識するのは、軟水で柔らかく、飲みやすいその水の元々の良さがそのまま表れる酒造りである。

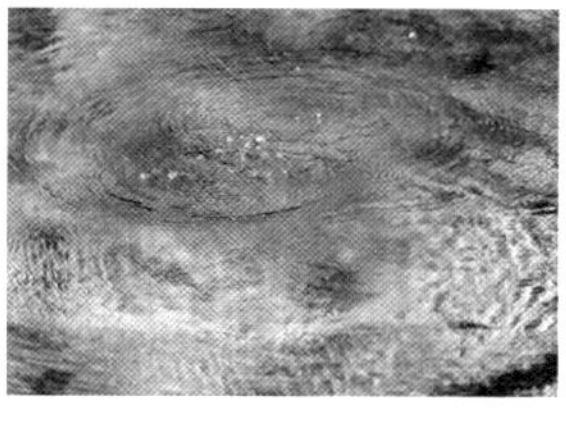

先代杜氏の山口真吾さん（右）とその愛弟子である現杜氏の松本宣機さん（左）。その酒造りに対する感性を買われ、入社10年目、27歳にして七代目杜氏に大抜擢された。松本さんは山口さんやほかの蔵人のサポートも得ながら、新たな銘柄「白瀧SEVEN」の醸造に挑戦。フランスの日本酒コンクール【Kura Master 2019】にて「純米大吟醸酒部門プラチナ賞」を受賞した。

代表的な銘柄

上善如水
純米吟醸 生酒

加熱殺菌処理をしないため、しぼりたてのおいしさを味わえる生酒。冷やして飲むと、フレッシュで華やかな香りと、もぎたての果実のような、軽やかながらまろやかな味がそのまま味わえる。クリアな質感のオリジナルボトルは一層新鮮味をひきたてる。

（内容量）720ml／300ml
（原料米：原材料）
米(国産)、米麹(国産米)
（味）フルーティー
（精米歩合）60%
（アルコール度数）15度以上16度未満
（日本酒度）+5
（酸度）1.6

上善如水 純米吟醸

日本有数の雪国、越後湯沢の美しい雪解け水を仕込み水に使用した、まさに水のようなシンプルで清らかな純米吟醸。2021年より精米歩合を5%下げより柔らかく飲みやすい味わいにリニューアル。あらゆる食事と調和がとれ、するりと喉の奥へと落ちる感覚は「このお酒しか飲めない」というファンも多い。冷やして飲むのがおすすめ。

（内容量）
1,800ml／720ml／300ml（瓶／PET）／180ml（瓶／ボトル缶）
（原料米：原材料）
米 (国産)、米麹 (国産米)
（味）すっきり
（精米歩合）55%
（アルコール度数）14度以上15度未満
（日本酒度）+4
（酸度）1.3

宣機の一本
純米大吟醸

白瀧酒造の杜氏、松本宣機の名を冠した一本。日本酒そのもののイメージを一新する純米大吟醸で、穏やかな上立香ながら、口に含むと上品で華やかな香味が一瞬にして広がる、奥深い味わいが特長。冷やしてグラスで、コク深い料理とともに味わう。

（内容量）
1,800ml／720ml／180ml
（原料米：原材料）
米、米こうじ（国産米100%使用）
（味）華やか
（精米歩合）35%
（アルコール度数）15度以上16度未満
（日本酒度）-3
（酸度）1.3

上善如水
スパークリング

食卓を華やかに彩る、スッキリとドライな味わいのスパークリング日本酒。華やかな香りに加え、口に含んだ瞬間にシュワシュワ弾ける柔らかな甘みと爽快感は、食前・食後問わずに楽しめる。しっかりと冷やして、シャンパングラスでどうぞ。

（内容量）360ml
（原料米：原材料）
米(国産)、米麹(国産米)、炭酸ガス含有
（味）すっきり爽快
（精米歩合）60%
（アルコール度数）13度以上14度未満
（日本酒度）-12
（酸度）2.3

※日本酒度・酸度は製造上の目標値です。

濃醇 魚沼 純米

米と酒の里ともいえる魚沼地方。その魚沼産の米本来の旨味たっぷりの、芳醇で濃厚な味わいの純米酒。全国燗酒コンテスト2022「お値打ちぬる燗部門」では金賞を受賞した、こちらもお燗がおすすめだが、どんな温度帯でも美味な酒。

(内容量)
1,800ml／720ml／300ml
(原料米：原材料)
米(新潟県産)、米麹(新潟県産米)
(味) 旨みたっぷり
(精米歩合) 80%
(アルコール度数) 16度以上17度未満
(日本酒度) +1
(酸度) 1.5

淡麗辛口 魚沼 純米

魚沼の豊かな自然の恵みを楽しめるよう醸した純米酒。香り穏やかな、すっきり、さらりとした味わいと程よい旨味が特長。全国燗酒コンテスト2021「お値打ち熱燗部門」で金賞を受賞した、特にお燗にするとおいしい晩酌酒。

(内容量)
1,800ml／720ml／300ml／180ml
(原料米：原材料)
米(新潟県産)、米麹(新潟県産米)
(味) 淡麗辛口
(精米歩合) 65%
(アルコール度数) 15度以上16度未満
(日本酒度) +9
(酸度) 1.3

白瀧 SEVEN 純米大吟醸

2018年の誕生以来、毎年異なったテーマで挑戦し続ける白瀧酒造の最高峰の酒。2022年版はシャインマスカットのような華やかな香りとなめらかな甘みが、カラメルを思わせるビターで上品な酸味と渋みに変化していく。ワイングラスで香りを堪能したい。

(内容量) 720ml
(原料米：原材料)
米、米麹(兵庫県産 山田錦100%)
(味) 華やか
(精米歩合) 25%
(アルコール度数) 15度以上16度未満
(日本酒度) -8
(酸度) 1.3

ロック酒 by Jozen 純米

白瀧酒造が新たに提案する新シリーズ「by Jozen」は、低アルコールで甘くジューシーな飲みやすさが特長。こちらはロックで飲むコンセプトが斬新な、純米酒ながらフレッシュでフルーティーな甘口の酒だ。キンキンに冷やして、凍ったフルーツを入れて楽しんでもおいしい。

(内容量) 720ml／300ml
(原料米：原材料)
米(国産)、米麹(国産米)
(味) ジューシー
(精米歩合) 60%
(アルコール度数) 10度以上11度未満
(日本酒度) -70
(酸度) 8.0

八海醸造

はっかいじょうぞう

南魚沼の自然と雪国の文化が育んだ、〝きれいな酒〟を造り続ける。

2015年秋よりレギュラー酒を含む一部商品の720ml、300ml瓶のキャップを変更。ワインが多く飲まれるようになったことから、日本酒を飲む際に瓶から酒器に移し替えるのではなく、手軽な大きさのボトルをそのまま卓上に置き直接うつわに注ぐという、飲食シーンの状況変化に対応したもの。瓶の『うつわ』としての存在感や美しさを考慮しボトルの注ぎ口を変更した。

DATA
住所：新潟県南魚沼市長森1051
HP：https://www.hakkaisan.co.jp/

「よい酒を、より多くの人に」人為を尽くした日本酒造り

八海醸造は、新潟の地酒を代表する銘柄『八海山』の蔵元で、日本屈指の豪雪地帯である南魚沼の地に1922年（大正11年）創業した。

霊峰・八海山の伏流水「雷電様の清水」を仕込み水とし、選び抜かれた酒米と、人の手で丁寧に造られた麹を用いて、最高の道具と、長年の修練で身につけた技術を駆使して造りあげる酒は、食に寄り添いながら食事の邪魔をしない食中酒として多くの人に愛されている。

その飲み口は、辛口なのに尖ったところがなく、淡麗なのに深みがあり、旨みがあるのに飲み飽きないのが特徴だ。

全自動での酒造りが可能な時代において、八海醸造は、できうる限り人の手にこだわり人間の感度や精度に優っている部分にのみ機械を使用することで質と量のバランスをはかっている。

そして、『磨き抜かれた玉のようにきれい

「八海醸造」は南魚沼にある越後三山のひとつであり、霊場としても知られる八海山の麓にある。「八海山」という酒名はこの霊峰八海山から命名された。

酒本来の旨みは十分にありながら、食事を邪魔せず、いつまでも飲み飽きない「八海山」。辛口なのに尖ったところがなく、淡麗なのに深みがあり、盃を重ねていくうちに、ふとその美味しさに気づくような酒で、料理の細やかな味わいを打ち消すことなく、弾む会話を邪魔することのない食中酒である。

技術の進化により全て機械で造ることも可能だが、八海醸造では、機械が人間の感度や精度に優る部分にのみの使用。麹の水分量やさばけ具合、もろみの発酵の見極めなど、人の手や五感が活かされる工程については手作業で行い、量と質の両立を大事にしている。

な酒』だからこそ、ボトルにもこだわる。食卓上にのせる演出を大事にし、酒器としての美しさを目指して、2000年・ミレニアムの記念にチタンボトル、2007年にひょうたん瓶のオリジナルボトルを作っている。また、麹や発酵に関する研究を日夜行う研究機関としての側面も持っている。社内に研究棟を有しており、麹甘酒に関する研究の先駆けとして、便通改善や過剰摂取についての論文を発表してきた。

低温多湿な冬の気候や「雷電様の清水」の極軟水、雪国が育んだ生真面目な魚沼人気質、越後杜氏の伝統と、酒造りにはこの上ない土地柄であり、「神さまが酒を造るために作ったような場所」とも評される魚沼。この地の発酵文化を伝えるブランド「千年こうじや」や、雪室見学や食事、ショッピングが楽しめる「魚沼の里」を通じてお酒とともに雪国・魚沼の魅力を広く伝えている。

こだわり・造り方

こだわり① 研究テーマは“米・麹・発酵”

酒造りで培った技術を活かし、“米・麹・発酵”をテーマに研究・開発に取り組む。便通がよくなったというお客様の声が麹甘酒の研究のきっかけに。

麹造りは酒造りのベースとなる重要な作業。見えない微生物を相手に、蔵人が一丸となって目標の麹を造る。麹造りには理想の味に向かってひたむきに突き進む、蔵人の揺るぎない心と誇りが秘められている。新潟薬科大学・新潟県農業総合研究所食品研究センターと共同の麹甘酒と便通に関する研究を行い、麹甘酒には明らかな便通効果があることを発見したほか、インスリン量の上昇を抑制する効果、肌の保湿に効果があることなどが研究によってわかっている。

「麹だけでつくったあまさけ」は、酒造りの伝統技術から生まれた、すっきりと上品な味わいの健康飲料。原料は麹と水のみのノンアルコールなので、家族みんなで楽しめる。様々なレシピに加えてさらにおいしく健康に。

千年こうじや

豪雪地帯である魚沼には、保存食や「米・麹・発酵」を大切に守り受け継ぐ、発酵文化がある。「千年こうじや」は魚沼の豊かな食文化の魅力を伝えるショップで、地域に伝わる伝統的な発酵食品やオリジナル商品が揃っている。

代表的な銘柄

純米大吟醸酒
純米大吟醸 八海山

透明感のある綺麗な味わいと、ふわっと広がる上品な甘やかさ。手造りの麹と、八海山の雪解け水が湧き水となった「雷電様の清水」で醸した純米大吟醸は、料理を引き立てる、少し高級な食中酒。

(内容量)
1,800ml／720ml／300ml／180ml
(原料米：原材料)
麹米　山田錦
掛米　山田錦、美山錦、五百万石他
(精米歩合) 45%
(アルコール度数) 15.5度
(使用酵母) アキタコンノNo.2
(日本酒度) +4.0
(酸度) 1.4
(アミノ酸度) 1.3

特別本醸造酒
特別本醸造 八海山

やわらかな口当たりと淡麗な味わい。冷でよし、燗でよしの八海山を代表するお酒。燗をつけたときのほのかな麹の香りもまた、この酒の楽しみの一つ。

(内容量)
1,800ml／720ml／300ml／180ml
(原料米：原材料)
麹米　五百万石
掛米　五百万石、トドロキワセ他
(精米歩合) 55%
(アルコール度数) 15.5度
(使用酵母) 協会701
(日本酒度) +4.0
(酸度) 1.3
(アミノ酸度) 1.2

純米大吟醸 八海山
雪室貯蔵三年

魚沼の地ならではの雪の力を利用した自然の貯蔵庫「雪室」で3年間熟成させた日本酒。長期低温貯蔵によりまろやかに育った。

(内容量)
720ml／280ml
(原料米：原材料)
麹米　山田錦
掛米　ゆきの精、五百万石
(精米歩合) 50%
(アルコール度数) 17度
(使用酵母) 協会1001号、M310

瓶内二次発酵酒
あわ 八海山

繊細な泡を楽しむスパークリング日本酒。瓶の中に発酵の過程で生じた炭酸ガスを閉じ込めたさわやかな口当たり、フルーティーな香りと上品な甘みが楽しめる。

(内容量)
720ml／360ml
(原料米：原材料)
麹米　山田錦
掛米　山田錦、五百万石、美山錦他
(精米歩合) 50%
(アルコール度数) 13度
(使用酵母) アキタコンノNo.2
(日本酒度) ±0
(酸度) 1.2
(アミノ酸度) 1.2

関連施設

魚沼の暮らしや雪国の文化を通じて、郷愁と安らぎを五感で堪能！周辺散策を楽しみながらスポット巡り！

魚沼の里

霊峰・八海山の麓、南魚沼市長森の一角にあるのどかな里山に、魚沼の魅力を満喫できるスポットが点在。清酒八海山を製造する第二浩和蔵を中心にカフェや売店がある。

スポット1

八海山 みんなの社員食堂

魚沼産のコシヒカリや八海山のあまさけなどを使用した、地元の味を堪能できる「まかない」をランチで楽しめる。蔵人たちのパワーの源を「清酒八海山」「特別本醸造八海山」とともに味わいたい。

スポット2

猿倉山ビール醸造所

クラフトビール「ライディーンビール」の醸造所。施設内にはビアバー、ベーカリー、リカーショップがあり南魚沼の市街地一望の景色を眺めながら出来立てビールが楽しめる。

スポット3

八海山雪室

八海山雪室には雪中貯蔵庫の他に焼酎貯蔵庫やカフェ、売店、キッチン、雑貨店などがあり、雪国の暮らしと食文化に触れながら、魚沼ならではの食と出会いをたっぷり楽しめる。

雪中貯蔵庫

1,000トンの雪を収容する雪中貯蔵庫で「純米大吟醸 八海山 雪室貯蔵三年」を長期間熟成させている。低音で静かに貯蔵された日本酒はおだやかな香りでまろやかな味わい。空きスペースでは野菜等も貯蔵する。雪中貯蔵庫見学ツアーでは日本酒の貯蔵タンクや1,000トンの雪を見ることができ、見学の後には気になる商品を試することもできる。魚沼の里の中で試飲ができるのはここの併設の施設のみ。

安土桃山時代から未来永劫続く酒造りを

小嶋総本店

こじまそうほんてん

最上川の源流にもっとも近い、豪雪地帯にある小嶋総本店。創業は安土桃山時代まで遡る。代表銘柄は「東光」。

世界最大のワインコンペティション、インターナショナル・ワイン・チャレンジ2014のSAKE部門で全ての大吟醸で最も高い評価を獲得。受賞の盾を持つのが24代目蔵元の小嶋健市郎さん。

DATA

住所：山形県米沢市本町二丁目2-3
HP：https://www.sake-toko.co.jp/

米沢の豊かな恵みと複数の微生物が醸す味わい

一冬の積雪量が6mを超える豪雪地帯、山形県米沢市にある小嶋総本店は日本で13番目に古い酒蔵で、創業は安土桃山時代にさかのぼる。江戸時代に入ると上杉家の御用酒屋を務め、代表銘柄「東光」は、米澤城から見て日の出の方角（東）に小嶋総本店があるため、「米沢の日の出」という意味を込めて名付けられたという。その縁から現在も城跡にある上杉神社にはお神酒を納めている。

原料となるのは、米沢の雪解け水をたっぷりとたたえた最上川の源流に近い軟水。そして、地元米沢市周辺の契約栽培農家から9割仕入れる米で、米沢の風土を思い起こさせる酒造りを行っている。その特徴のひとつは、低温長期発酵で香り高い仕上がりになること。もうひとつは、米沢牛などの特産品にも合うような厚みのある味わいに仕上げるため、長めに麹を熟成させていることだ。

安土桃山時代に創業したことから、酒造りの原点回帰をめざし、甕と木桶も使用した酒も醸している。縄文時代晩期頃から始まったとされる米の酒造りは、甕などの土器、木桶、ステンレスやホーローといった容器に変化してきた。

明治時代の酒蔵をイメージした酒造資料館「東光の酒蔵」。実際に使われていた母屋と土蔵の仕込み蔵に17本の木桶と酒造りの道具が展示されている。併設された酒販売処では東光の試飲や、この店だけの限定酒なども購入できる。

小嶋総本店は現存する酒蔵のなかで13番目に古く、江戸時代からは上杉家の御用酒屋として米澤城に酒を収めていた。東光の由来は、城の本丸から日の出の方角＝東光に小嶋総本店があったため。現在、城があったところは神社になっており、そのお神酒にも小嶋総本店の酒が使われている。

そのほか、安土桃山時代の酒造りを再現した備前甕（びぜんがめ）や木桶による醸造にも挑戦し、複雑で奥行きのある味わいの酒も造り出している。また、スキンケア製品や「あまさけスムージー」など多様な年齢層や嗜好に合わせた製品開発にも余念がない。

2020年からは輸入原料である醸造アルコールの添加をやめ、全量純米とした。それはサステナビリティの観点からも重視した取り組みで、「今の時代、どういう工程や考え方でできたお酒なのかをますます問われるようになりました。時間はかかっても生産活動自体をきちんと変えているところです」と24代目蔵元、小嶋健市郎さんは語っている。酒米の出来にもかかわる気候変動の影響を身近に感じ、生物多様性の保護や輸入の化学肥料への依存を避けるため、アイガモロボットを使った契約栽培農家との有機農法に挑戦したり、酒原料を有効活用して廃棄をなくしていった。また、2023年には地元の再生可能エネルギーに100%切り替え予定だ。

こだわり・造り方

こだわり① 甕仕込み

備前甕は約2週間、高温で土を焼き締めて作られるので「投げても割れない」と言われるほど堅く、微細な気孔があり通気性に優れていることが特徴。その気孔から発酵の過程で酸素を多く取り込み、安定した発酵・熟成となる。また、その気孔に棲む微生物が複雑な味わいの一助になっている。

備前甕は、三石甕を造る数少ない備前甕作家の1人、松井宏之氏によるもの。飾りものではない、実用するための「用の美」を追及している松井氏との出会いにより、備前甕への理解を深め、現蔵元は甕造りのチャレンジを決意した。

甕仕込みの酒は、メロンや梨のような穏やかな香りと石や土を舐めたような風味も加わる。また、生酛造りでじっくり仕込む過程で、多様な微生物の働きが加わり、酸味と旨みが溶け合った深い味わいの酒となる。

こだわり② 木桶仕込み

仕込み蔵入り口にある木桶。現在も数量限定の東光の酒蔵専売酒を仕込む際に使われている。木桶にもまた、酒に独特の香気と複雑な味わい・深みをもたらす作用がある。

こだわり③ 蒸かし掘り

手で造ることを大切にしている小嶋総本店。質にばらつきのある天然原料や、たくさんの微生物の力を借りるには、蔵人の手仕事と目が不可欠だという。

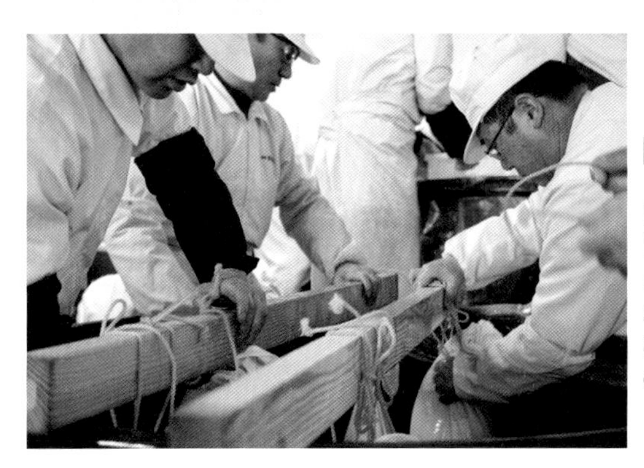

こだわり④ 袋吊り作業

「東光　純米大吟醸　袋吊り」と「東光　純米大吟醸　袋吊り十八」は、袋吊りでしぼる。自然にしたたり落ちる雫をじっくりと待ち、集めるとよりきめ細かい繊細な味わいの酒に仕上がる。

こだわり⑤ 持続可能性への取り組み

サステナビリティへの取り組みを強化し、原料由来の廃棄物はゼロ。果樹園の肥料として提供したり、バイオガス発電の発電原資にもなっている。使用する電気も2023年には地元の再生可能エネルギーに100%切り替え予定だ。

酒粕からは、梅酒造りや焼酎造りにも活用できる。排水も全て浄化してから流し、アイガモロボットを用いた米の有機栽培にも挑戦している。

代表的な銘柄

東光 純米大吟醸 袋吊り

山田錦を35%まで磨き、醪を酒袋で吊って、重力のままに滴る雫を集めた繊細な酒。高貴な香りがあり、緻密で妖艶な味わいとフルーティーでなめらかな質感。素材を活かした料理とともに、冷酒を繊細な器でどうぞ。

(内容量) 1,800ml／720ml
(原料米：原材料) 米(山田錦)：米麹
(味) 淡麗旨口
(精米歩合) 35%
(アルコール度数) 16度
(使用酵母) 山形酵母
(日本酒度) -2
(酸度) 1.3

東光 純米大吟醸 袋吊り 十八

純粋に米の甘みとうまみ、雪解け水の透明感など一口で山形の大自然が感じられる純米大吟醸。原料米となる山形の雪女神を18%まで精米し、蔵人が長年培ってきた技術の粋を詰め込んだ逸品。シルクのような舌触と繊細な味わいは、素材の味を一段と引き立てる。

(内容量) 720ml
(原料米：原材料) 米(山形県産 酒造好適米 雪女神)：米麹
(味) 淡麗旨口
(精米歩合) 18%
(アルコール度数) 15度
(使用酵母) 山形酵母
(日本酒度) -2
(酸度) 1.4

東光 純米

毎日飲める定番の酒。穏やかで柔らかな旨味と落ち着きは、冷酒でも燗でもおいしく、温度ごとに様々な味わいが楽しめる万能酒だ。チーズを使った料理や濃い味付けの料理とよくマッチする。

(内容量) 1,800ml／720ml／300ml
(原料米：原材料) 米(山形県産)：米麹
(味) 濃醇辛口
(精米歩合) 60%
(アルコール度数) 15度
(使用酵母) 山形酵母
(日本酒度) +1
(酸度) 1.7

東光 純米吟醸原酒

冷酒で飲むのがおすすめの、東光のなかでも抜群の人気を誇る看板商品。りんごのようなフルーティーで華やかな香りと原酒のボリューム感があり、揚げ物や甘くてコクのある料理に合う。ワイングラスでおいしい日本酒アワード、3年連続金賞受賞。

(内容量) 1,800ml／720ml／300ml
(原料米：原材料) 米(山形県産)：米麹
(味) 濃醇旨口
(精米歩合) 55%
(アルコール度数) 16度
(使用酵母) 山形酵母
(日本酒度) -4
(酸度) 1.4

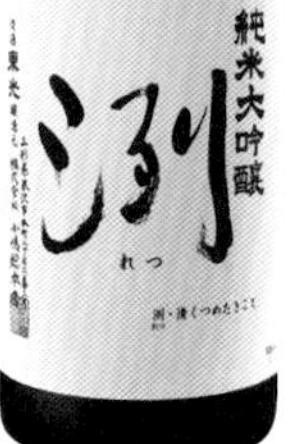

冽（れつ）

冽――水や酒が清く冷たいことを名に冠した、特徴そのままの酒。ハーブのような軽い香りと米の緻密な旨味とキレのある超辛口で、素材の味を生かした料理をおいしくするしっかりとした骨太な酒。冷酒〜常温で。

（内容量）1,800ml／720ml
（原料米：原材料）米麹（出羽燦々）掛米：山田錦
（味）淡麗辛口
（精米歩合）50%
（アルコール度数）16度
（使用酵母）山形酵母
（日本酒度）9
（酸度）1.4

小嶋屋 無題 壱

誰もが親しめるよう醸された、アルコール控えめの軽い味わいの酒。古典をヒントにした独自製法「純米酒四段」（特許申請中）は豊かな含み香と複雑味を感じさせる。冷酒で爽やかな夏野菜とともに。

（内容量）1,800ml／720ml
（原料米：原材料）米（山形県 酒造好適米 出羽燦々）：米麹
（味）淡麗辛口
（精米歩合）非公開
（アルコール度数）13度
（使用酵母）山形酵母
（日本酒度）—
（酸度）非公開

東光 安土桃山

創業期、安土桃山時代の酒造りの原点に回帰し、備前甕仕込みで醸した数量限定の酒。穏やかなメロンや梨のような香りに土のミネラル感と酸味、甕に生息する微生物が複雑な味わいが加わった力強い仕上がりだ。口が開いたグラスで香りを楽しみ、冷酒から常温までの味わいの変化を楽しめる。

（内容量）720ml
（原料米：原材料）米（亀ノ尾、つや姫）
（精米歩合）90%（亀ノ尾　精米歩合50%、つや姫　精米歩合90%）
（アルコール度数）15度
（使用酵母）山形酵母
（日本酒度）+1
（酸度）2

東光 吟醸梅酒

「天満天神梅酒大会2012 梅酒部門」優勝をはじめ、国内主要梅酒コンテスト三冠を獲得。梅酒であることを忘れさせる程の鮮明な吟醸香とともに、桃やラ・フランス、青梅を連想させる果実感溢れる味わいがある。プロのテイスターに「似ている梅酒が思いつかない」と表現される程の、豊かな個性と高い完成度を誇る逸品である。

（内容量）1,800ml／500ml
（味）濃醇
（アルコール度数）11〜12度

数々の賞を受賞した生酛造りの先駆け

大七酒造（だいしちしゅぞう）

1752年に太田三良右衛門が独立して創始した大七酒造。現在は十代目に至り、日本酒の最も正統で伝統的な醸造法「生酛造り」一筋に、豊潤な美酒を醸し続けている。

数々の賞を受賞した大七酒造の日本酒。昭和天皇陛下の御即位式典の御用酒や2008年の洞爺湖サミットの首脳夫人晩餐会の乾杯酒、そしてオランダ王室晩餐会でも度々使われた功績を持つ。

DATA
住所：福島県二本松市竹田1-66
HP：https://www.daishichi.com/

追い求めるのは力強さと洗練の両立

大七酒造は山と丘陵が多く、複雑で変化に富んだ美しい景観が生み出される福島県二本松市に、１７５２年に創業した。当時は「大山」の名で創業し、八代目の頃に大山の大と当主が代々名乗る七右衛門の七を取り、「大七酒造」と名を改めて酒造りを続けてきた。

大七酒造が目指す味は「力強さと洗練の両立」。そのために、米の旨味を生かし、じっくりと時間をかけて熟成させ旨味を乗せたうえ、複雑さや奥深さを内包しているハーモニーを生み出すことを重視している。

そしてこの味わいを実現させているのが、米の旨味を残しながらも糠の不要成分を無駄なく等厚に取り除いた「超扁平精米」を使用し、多くの複雑な工程がある伝統的な醸造法「生酛造り」によって醸し、そしてお酒と空気を触れ合わないよう「無酸素充填システム」で瓶詰めする技術だ。

これらの伝統の味もさることながら、詠

戦前の最後の全国清酒品評会で悲願の最高首席優等賞を受賞。当時全国に8000件あった酒蔵の頂点に立った。一升瓶を使い始めた先駆けとなるなど、先進的な取り組みにも熱心だった。最高首席優等賞を受賞した際に贈られるシールも。

1752年に創業し、2022年で270周年を迎えた大七酒造。二人の「現代の名工」を輩出した、匠の伝統が生きる蔵だ。

唱隊の結成や甑倒し（こしきだおし）の神事など、伝統的な慣習や行事を今もなお受け継ぎつづけている。

代表銘柄は3つ。1つは大七酒造の柱商品である「純米生酛（きもと）」。数々のメディアでも取り上げられ、日本酒サービス研究会の地酒コンテスト地酒大SHOWで3回連続プラチナ賞トップを取って殿堂入りも果たしている定番商品だ。

2つ目が超扁平精米技術を初めて採用した「箕輪門（みのわもん）」。純米生酛に次ぐ売上の人気商品で、純米大吟醸ながら、力強さと味わい深さと洗練を実現している最も大七らしい味わいを持つ日本酒となっている。

そして、世界市場を目指すために生まれた「妙花闌曲（みょうからんぎょく）」は、生酛造りの純米大吟醸雫原酒で、〝至高の食中酒〟として開発された。外国のヘビーな味わいの料理にも負けない強さを持った日本酒だ。

こだわり・造り方

こだわり①
生酛造り

生酛造りは約300年前に完成した、日本酒の最も正統的な醸造法。八代目は「しっかりと濃い味わいがあって、なおかつたくさんある味わいのどれ一つとっても悪い部分がなく、徹底的に磨き上げられている、そういうものは到達が難しい分、それに出会った時お客さんは感動する」と考えており、それを実現するのがこの生酛造りだった。

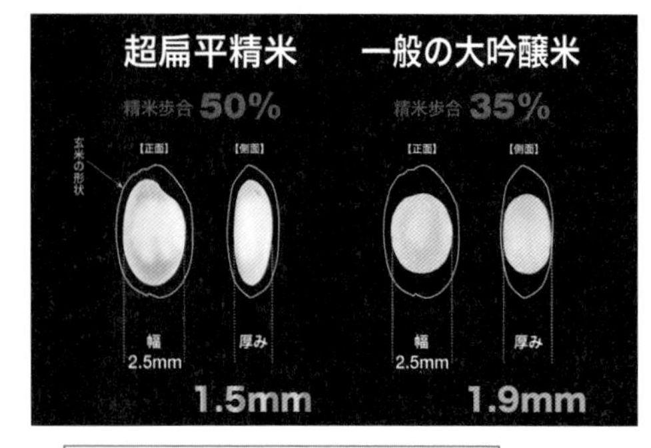

こだわり③
超扁平精米技術

伝統製法である生酛造りの「洗練」の度合いをかつてなく引き上げたのが「超扁平精米技術」。1993年に齋藤富男教授が発表した「扁平精米」の論文を元に、米を丸く削るのではなく、米の形のまま、楕円形に表面から同じ厚みで削り、糠をきれいに取り除く技術を実用化した。その結果、精米歩合が最大でも50%程度でありつつ心白を残しながら白く磨き抜かれた米を原料とした、米の旨味を生かしながらも洗練された味わいの日本酒の醸造を実現した。十代目の太田英晴さんいわく「最大でも精米歩合50%程度で最高品質のお酒を造っていると証明できれば、SDGsを重んじる世の中でも日本酒の素晴らしさを訴えかける力は大きくなると思います」とのこと。

こだわり②
高級酒セラー

大七酒造の吟醸系の酒はしぼったその年の春に選別して瓶詰めし、セラーに貯蔵する。セラーの中で酒が傷つかない程度にじっくり成長させるため8〜9℃の温度を一定に保ち、2〜4年の熟成期間を経て成長させ、味が丸くなった時点で市場に出荷していく。大七では熟成させることを重視しており、2002年に酒蔵を新築した際も一番増やしたのは貯蔵能力だった。

こだわり④

木桶仕込み蔵 味のこだわり

味のこだわりのひとつは、まず米の旨味を生かすこと。世界でもまれに見る日本酒が持つ「いろいろな料理を生かす、包み込むような豊かな旨味」は、米が持つポテンシャルを引き出すことで実現する。もう一つが熟成させること。十代目当主の太田さんが「大七の酒の美味しさの半分は時間が造っているといってもいいくらいです」と語るほど時間をかけて寝かせることを大切にしている。時間の試練に耐え、飲み頃が3〜4年先になるポテンシャルを持った酒ができあがったときに、一番の嬉しさを感じるという。最後は、複雑性と奥深さが調和しハーモニーを感じられることだ。

こだわり⑤

大七詠唱隊と甑倒し

大七酒造では、酒蔵の伝統行事の復興や伝承も重視している。昔、岩手県からやってきた南部杜氏たちが「酒仕込み唄」を歌いながら酒を造っていたことにならい、会社の希望者で大七詠唱隊を発足させて行事ごとに披露している。さらに、南部杜氏組合に昔から伝わっている酒造りの仕込みの終わりを祝う神事「甑倒し」も復活させ、蔵人扮する釜場の神様の神前に、杜氏扮する神主が玉串を捧げ、酒仕込み唄も奉納している。

代表的な銘柄

純米生酛

これまで数々の賞を受賞した、「生酛造り」にこだわる大七酒造の永遠の定番。お燗にして飲むと日本酒らしい旨味が広がる。旨味が乗り、だしの効いた鴨鍋や、オイリーでスパイシーな料理、またバターやクリームなどの乳製品を使った料理にもよく合う。

(内容量) 720ml/1,800ml
(原料米:原材料)
五百万石(国産)等、米麹(国産米)
(味) 豊かなコクと旨味をそなえた中辛口
(精米歩合) 超扁平精米69%
(アルコール度数) 15度
(使用酵母) 協会7号
(日本酒度) +3
(酸度) 1.7

箕輪門

超扁平精米技術で山田錦を磨き上げた生酛造りの純米大吟醸。従来の大吟醸米の雑味成分を一掃したため、スムースで緻密な舌触りに加え、芳しい香りを放つ。ワイングラスなどで楽しむのもおすすめだ。日本料理はもちろん、ホタテやエビなど旨味のある魚介類やカモなどの味を引き立てる。

(内容量)
300ml/720ml/1,800ml
(原料米:原材料)
山田錦(兵庫県産):米麹(国産米)
(味) すっきりとした飲み口ながら旨味があり、自然に薫り立つ上品な芳香と柔らかに円熟した緻密な舌触り
(精米歩合) 超扁平精米50%
(アルコール度数) 15度
(使用酵母) 大七酵母
(日本酒度) +2
(酸度) 1.3

妙花闌曲

2000年に醸造を始めた、世界市場の進出を目指すべく造られた酒。雑味を削ぎ落とした洗練さに加え、野性味も感じる力強さでヘビーな外国料理にもマッチ。外装にもこだわり、瓶はイタリアのベネチアングラスを使用し、エンブレムはドイツの工房で型起こしされたピューター製、そして日本製の蒔絵ラベルと、3つの国の職人技が結集した一品。

(内容量) 720ml
(原料米：原材料)
山田錦(兵庫県産)：米麹(国産米)
(味) 華やかで複雑な香りと力強い稠密な味わい
(精米歩合) 超扁平精米50%
(アルコール度数) 16度
(使用酵母) 大七酵母
(日本酒度) 非公開
(酸度) 非公開

妙花闌曲Ω（オメガ）

生酛造りの純米大吟醸雫原酒。最終、究極を意味するギリシャ文字最後のΩがつくのは、さらなる高みを目指して辿り着いた、想像を超える美酒が完成したため。力強い生命感と全てが満ち足りた美しいバランスを味わえる。螺旋上昇をモチーフにしたデザインで、ピューター製エンブレムには『ALTIORA PETO（より高きものを我は求む）』と刻まれている。2016に醸造された限定1,856本の品。

(内容量) 720ml
(原料米：原材料)
山田錦(兵庫県産)、米麹(国産米)
(味) 想像を超える美味しさ、究極という名の美酒
(精米歩合) 超扁平精米45%
(アルコール度数) 16度
(使用酵母) 大七酵母
(日本酒度) 非公開
(酸度) 非公開

世界に発信する孤高のトップブランド

小林酒造（こばやししゅぞう）

DATA
住所：栃木県小山市
卒島743-1
HP：https://hououbiden.jp/

日光の風土や歴史、テロワールを表現

銘柄「鳳凰美田（ほうおうびでん）」の由来でもある栃木県美田村（みたむら）で1872年（明治5）に創業し、2022年で創業150周年を迎えた小林酒造株式会社。日光の入口である例幣使（れいへいし）街道に蔵を構え日光の恩恵を受け日光と共に酒造りを続けてきた。世界遺産でもある日光二社一寺と関係が深かった小林酒造は四代目蔵元小林甚一郎の代で関係神社と血縁を得たことにより地縁と血縁によりその関わりは一層深くなったという。日光の歴史を紡ぐという使命を担う酒蔵として「鳳凰美田」は今や日本を代表する吟醸蔵として認知されることとなった。

「鳳凰美田」の日本酒は日光山系の伏流水に潤された、圧倒的なピュアで豊富な水で醸されている。日光を歩くとあちらこちらから湧き出ている水場からもその豊かさを感じることができる。この水は1200年以上の長きに渡り日光二社一寺や日光に住む人々の生活も支えてきた。歴史に登場する著名人、有名人も同じ水を飲み、古来より変わ

建築150年以上の本社蔵。

良酒醸造を祈願し御神水を賜る儀式。

日光は1999年に世界遺産として登録された日本有数の国際観光都市であり、日本の世界遺産の中でも1200年以上の歴史と文化、二社一寺を有し圧倒的な存在感を放っている。日光は766年に勝道上人により開山され、その中で二社一寺は、徳川家康によって建立された東照宮、江戸時代に再建・造営された輪王寺、華厳の滝やいろは坂、日光三山（男体山、女峰山、太郎山）など3,400haもの広大な神域を持つ二荒山神社を称し絢爛豪華な国宝や重要文化財を有する日本の宝である。

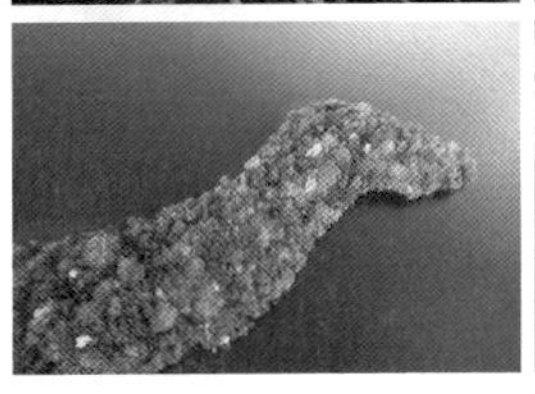

春夏秋冬、それぞれに様々な顔を見せてくれる自然豊かな日光。樹齢80年を超えるミズナラやブナをはじめ多くの大樹で形成される古の森が脈々と受け継がれる日光はいつでも雄大に威風堂々と訪れる者を迎えてくれる。
その日光の水を惜しげもなく使用を許されているのも「鳳凰美田」が長きに渡り日光とともに歴史を共にしてきた証である。

らぬ日光を感じたことだろう。
　また、酒米は栃木県の酒米を中心に、それぞれの酒米品種が生まれた全国の酒米産地にて、「鳳凰美田」栽培組織が構築され信用ある農家の手により常に最高の酒米が栽培されている。
　そして、「鳳凰美田」が特に注力しているのが、高品質な吟醸造りの中でも、自然の力を活用した伝統ある生酛造り。設備は最先端の技術や設備を惜しげもなく導入し、且つ唯一無二の価値観を追い続ける姿勢を貫く。蒸米は最新の蒸米システムと直火の和釜を併用し酒米にあった最高の蒸米を得ることが出来る。そのほかの工程や作業も全て最新のシステム、分析を基に、さらに蔵人たちの経験と勘で造られている。できあがった「鳳凰美田」は、他には無い特有のフレッシュで果実感のある吟醸香、華やかで上質な味わいが特徴だ。「鳳凰美田」は日光１２０0年以上の歴史に脈々と受け継げられてきた文化や慣習、風習、テロワール（生育地の地理や気候などによる特徴）を表現する酒蔵として日本酒を世界に伝え続けている。

こだわり・造り方

五代目蔵元の小林正樹氏。

本年度の新人蔵人たちに囲まれる小林氏（奥中央）。

こだわり 最新の設備と技術で人の手で醸す

「鳳凰美田」では、日本酒は造り手の人間性が大きく反映されるものだと考え技量も大切だが何よりも人柄に重きを置いている。五代目蔵元の小林正樹氏はこう語る。「多くの酒の中で日本酒ほど造り手の人柄がでる酒はないと思っています。懐の深さ、性格の明るさや真面目さ、そして華やかさなど…、すべては造り手の人間性が反映されているものだと考えています。もちろん技量も大切ですが、やはり人柄が大切なのです。日本酒業界には「和醸良酒」という言葉があります。蔵一丸となり和を大切に醸してこそ良い酒が出来るという意味です。例えるならオーケストラのような感じでしょうか。指揮者がいるように蔵元がいて、一人一人の蔵人という演奏者が奏でるそれぞれの音色が魅力的で、それでいて一つの和になっていないといけない。酒造りは決して一人でできるものではありません。蔵人全員で1本のお酒を造っているので、それぞれが与えられた役割をきちんとこなし、蔵元がまとめあげる。そして、一つ一つが折り重なりハーモニーとなったときに、お客様に旨いと感じていただける。酒造りとは、そういうものだと思います」。

酒米　大吟醸用として極小に精米された特A地区産の山田錦米。

洗米、浸漬　秒の時を刻む洗米作業。

蒸し　早朝からの直火和釜による蒸きょう（じょう）。

洗米後水切り中の酒米の状態

製麹（せいきく）　麹造りは、三日三晩、心を込めて健やかな麹を育てる。

「鳳凰美田」が特に注力しているのが、高品質な吟醸造りの中でも、自然の力を活用した伝統ある生酛造り。生酛造りは微生物の力を借りる究極の日本酒である。そのため醸される酒質は卓越した醸造技術と蔵人の人間性やキャラクターが如実に反映される。感性を研ぎ澄ましつつ、同時に最新の分析器と蓄積されたデータを参考に醸される、情緒的側面と理論的、学術的などの総合力が試された結果生まれる芸術品である。

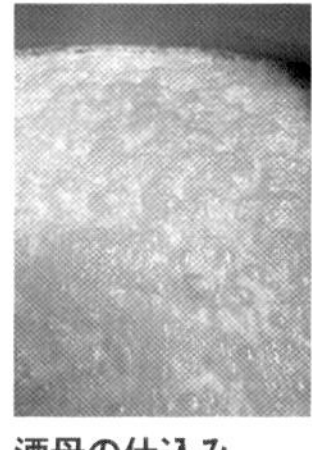

酒母の仕込み
日本酒仕込みの始めとなる第一歩。

醪の仕込み　人の成長と同じように醪の発酵を見守る。

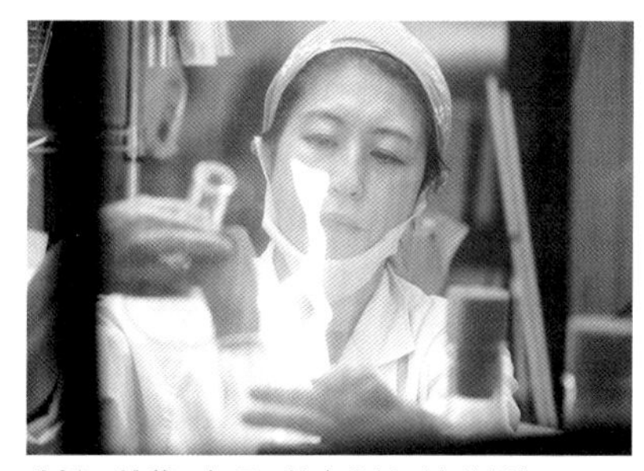

分析、培養　毎日の精密分析が方針を決めるチャート（地図）となる。

上槽　仕込始めて約二か月後、日本酒が生まれる瞬間。

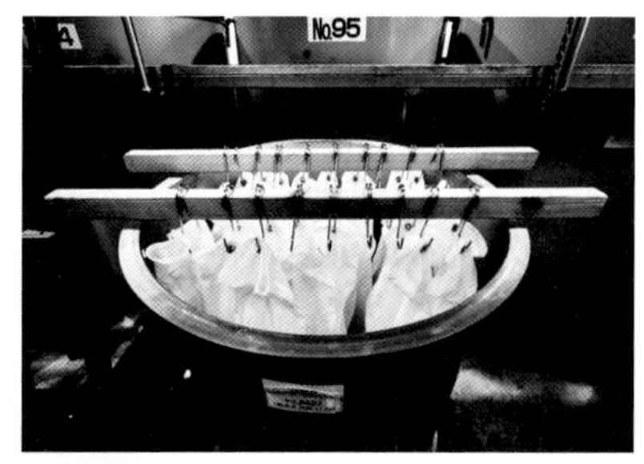

コンテストのためだけの袋吊りによる雫取り。

とりくみ・未来への循環事業

「鳳凰美田」では25年以上スピリッツを製造している。
厳選された原料を丁寧に醸し蒸留された原酒は日光の樹齢80年を超えるミズナラ材の樽に詰められ熟成され長い眠りにより唯一無二のエネルギーを秘めた酒となる。全国でも他に類を見ない価値ある酒である。
有名な白神山地の樹齢200年ほどのミズナラの大木は年間8tもの水を蓄え、「天然の水瓶」と言われるほどの貯水力がある。そのため水分が多く乾燥に時間がかかり木材として非常に使いにくいが、ミズナラは欧米産オークにはみられない、日本独自の白檀や伽羅のような極めてオリエンタルな特徴ある香りがある。ミズナラ樽に熟成されたウィスキー、スピリッツは世界的大会で金賞を多数受賞し、日本産ミズナラは一躍世界から注目されているだけでなく、今やミズナラ材の樽はメーカーやファンの間では垂涎の的となり非常に貴重なものとなっている。
また、日光の森では次の世代に繋げる循環事業の一環として「鳳凰美田」の蔵人の手でミズナラの苗木が植樹されている。しかし、植えた苗木が今使用している同等の立派なミズナラ材にまで育つのに80年、伐採したのち乾燥に10年、樽になっていよいよ原酒貯蔵にも少なくとも5年から8年を考えると合計100年近い年月が必要だとは気の長い話である。植樹している若い蔵人でもこの苗木のミズナラ材で熟成した原酒には出会えないままである。しかし、例えその酒を呑めなくても、なんて夢のあるロマンティックな仕事であるだろう。想像しただけでワクワクしてしまう。

代表的な銘柄

「鳳凰美田」
純米吟醸酒
～日光NIKKO～

日光の御神水と栃木県オリジナル酒米「夢ささら」を使用。親しみやすく瑞々しいマスカットを基調とした吟醸香が特徴的。呑み口は華やかで滑らか、明るい酸を纏いエレガントで上質な酒質に仕上げてある。また、呑んだ後のミネラル感がアフターを引き締める芸術的な純米吟醸酒となっている。

（内容量）
720ml
（原材料）
米(国産)、米麹(国産米)
（原料米）夢ささら
（精米歩合）55%
（アルコール度数）16度以上17度未満
（使用酵母）とちぎ酵母
（日本酒度）+1～+2
（酸度）1.8

「鳳凰美田」
水分神
～MIKUMARI～

日光の御神水を仕込水とし、その御神水で潤される日光地区で大切に育てられた栃木県オリジナル酒米「夢ささら」を精米歩合25%の極限まで磨き上げて使用。秘めた力強さと柔らかく繊細で奥行きのある純米大吟醸酒に醸している。天上界からの雫を呑んでいるような清廉な酒質と静かな余韻は、まるで清々しい聖地日光を感じるようだ。

（内容量）
720ml
（原材料）
米(国産)、米麹(国産米)
（原料米）夢ささら
（精米歩合）25%
（アルコール度数）16度以上17度未満
（使用酵母）とちぎ酵母
（日本酒度）±0
（酸度）1.6

鳳凰美田の今を伝える
公式サイト・Instagram

Official
WEB site

Official
Instagram

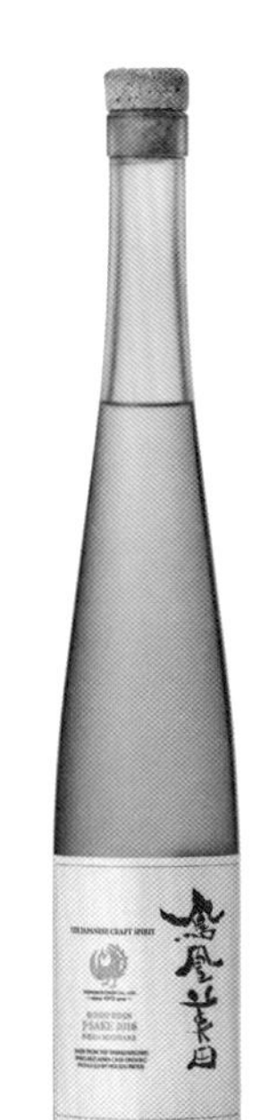

スピリッツ「鳳凰美田」
J-sake
～NIKKO MIZUNARA～

日光の御神水と栃木県産麦を使用。厳選された原料を丁寧に醸し蒸留される。「鳳凰美田」は世界で唯一の日光産ミズナラ樽を使用しており希少価値を生み出している。一口含んでみると、コクのある丸みを帯びた柔らかな甘味と、心地よいアルコールアタックがドンと口の中で跳ねる。柔らかな甘味はキレよくあっという間に消え、アルコールの心地よい刺激が余韻を残しながらゆっくりフェイドアウトしていく。まるで異次元の世界に連れていかれそうな不思議な美味しさだ。

（内容量）
500ml
（アルコール度数）42度以上43度未満

全ての酒が熟成された純米酒

神亀酒造（しんかめしゅぞう）

DATA
住所：埼玉県蓮田市馬込3-74
HP：https://shinkame.co.jp/

一生飲まれる一升の酒を食事を際立たせる酒造り

神亀酒造は、江戸時代末期の嘉永（かえい）元年（1848）に埼玉県蓮田市で創業した。かつて蔵の裏手にあった池に棲んでいたという「神の使いの亀」にちなみ「神亀酒造」と名づけられたという。

神亀酒造のお酒は全てが米・水・麹だけで造られる「全量純米酒」だ。戦時中は米が不足していたため醸造アルコールなどの添加物を混ぜてお酒を造らざるを得なかったが、純米酒にかける熱い思いにより、先代である七代目蔵元・小川原良征さんの指揮のもと、戦後1987年から全国に先駆け純米酒造りを再開した。神亀酒造は麹と酒米、長期熟成にこだわり、一生そして「一升飲まれる酒」を目指している。

「先代は、一升もの量を飲んでも飲み飽きない酒を造らなきゃいけないと特に言っていました」。そう語るのは、現在社長を務める小川原貴夫さん。23歳のときに先代と出会い、感銘を受けて入社。2017年に代表取締

亀をモチーフにした「神亀」のロゴは、20～30年ほど前から現在の形となり、代表銘柄にも使用されている。

神亀酒造となる以前の「神亀醸造場」の看板。現在も蔵内に架かっている。

戦前は主流だった純米酒だが、戦時中は米不足で断念せざるをえなかった。戦後1987年に神亀酒造は全国に先駆けて純米酒造りを再開。戦後初めて、製造するお酒を全て純米酒に切り替えた。

役に就任している。

その小川原さんによると、神亀酒造のお酒は、料理に抜群に合うという。その秘密は、麹と熟成による複雑な味わいにある。麹は全て、小さな麹蓋を使い手間をかけて造られる。寝かせることで熟成し、長い余韻やシャープだが味わいに膨らみのあるお酒が完成する。

米が本来持つ苦みは熟成でも抜けないため、苦みの少ない酒米を長年探し周り見つけた徳島県の阿波山田錦がほとんどのお酒に使用されている。毎年現地に赴き数十か所もの田んぼを確認して、その年特にできがよい田んぼで作られる山田錦が神亀酒造の大吟醸となる。

基本を忠実に守る昔ながらの製法も神亀酒造の特徴だ。小さな麹蓋以外にも、自動式の圧縮機は使わずに旧式の槽（ふね）という圧縮機で丸2日かけてお酒を搾る。

飲み方も、日本酒の基礎ともいえる熱燗を推奨している。生酒以外のお酒は、温めるとさらに極上の醸造酒として楽しめる。

こだわり・造り方

こだわり① 伝統的な手法・槽搾りを採用

秩父系の伏流水を仕込み水として使用。硬水を使用することで骨格のしっかりとした辛口の純米酒が生まれる。酒搾りには、伝統的な手法である槽搾り(ふねしぼり)を採用している。酒袋に入れた醪(もろみ)に圧力をかけて日本酒を搾る。時間と手間がかかる分雑味が少なく、本来の日本酒の美味しさが際立つ。純米造りならではの丁寧な手仕事が、神亀酒造のお酒を生み出している。

神亀酒造のお酒は、新酒の生酒を除いた純米酒から純米大吟醸酒まで全てが寝かせて造る熟成酒。純米大吟醸は3年以上、純米酒は2年以上寝かせるなど熟成酒ごとに味わいに変化が生まれる。吟醸以上はアルコールの熟成がじっくり進む温度である-10℃で寝かせる。

純米酒の味の構成は8割から9割を麹が決める、という思いから麹を大切にしている。より適切な管理ができるように、麹は全て麹蓋という小箱で仕上げられる。

朝3時から仕込みの準備をし、5時半に蒸米が上ると仕込みが始まる。苦労も多いが、昔ながらの基本に忠実なお酒造りにこだわる。

こだわり② シンプルなラベル

日本酒のラベルは似たようなものが多いため、お酒の種類やポイントがわかりやすく伝わるように、ラベルにもこだわっている。「単純明快に比較できるのが、商売の原則」だという。

代表的な銘柄

神亀純米辛口

口にした時はやわらかいが、最後にはすうっと切れがよいのが特徴。熟成された濃醇な旨味は切れ味がよいためしつこさはない。濃い味付けの料理とも抜群に合う。

（内容量）
300ml／720ml／1,800ml
（原料米）
酒造好適米100%使用
（味）
辛口
（精米歩合）60%
（アルコール度数）15.5%
（使用酵母）協会9号
（日本酒度）+5～+6
（酸度）1.7

ひこ孫純米大吟醸酒

気品のある香り、滑らかで柔らかい味わいとゆるやかな余韻が特徴。水かぬるま湯からゆっくり湯煎で温め42℃前後で飲むと至福の境地に達する。

（内容量）
720ml／1,800ml
（原料米）
阿波山田錦特等指定米100%使用
（精米歩合）40%
（アルコール度数）16.5%
（使用酵母）協会9号
（日本酒度）+4

かんまかせ

温度調整が難しいという人でも簡単に美味しいお燗が作れる。温度変化に敏感でプロでないと難しいといわれる大吟醸のお燗も、水からゆっくり温めて作ることができるので手軽に家庭で楽しめる。

ひこ孫純米清酒

透明度の高い深い味わいで、辛口でありながら品の良い甘味を感じさせる。食中酒として幅広いジャンルの食と味のマッチングが楽しめる。

(内容量) 720ml／1,800ml
(原料米)
山田錦100%使用
(精米歩合) 55%
(アルコール度数) 15.5%
(使用酵母) 協会9号
(日本酒度) +6

神亀「真穂人」純米酒

堆肥だけで育てた千葉県産五百万石の酒米を使用。五百万石特有の深い旨味が味わえる。

(内容量) 720ml／1,800ml
(原料米)
千葉県産五百万石100%使用
(精米歩合) 55%
(アルコール度数) 15.5%
(使用酵母) 協会9号
(日本酒度) +5

小鳥のさえずり

鳥取県田中農場(エコファーマー認定)産の山田錦を100%使用している。香りは穏やかで、落ち着いた味わいの中にも力強さがある。素材の旨味をさらに引き立てるので、よく締めた歯ざわりの良いタイの刺身など食材そのものに深い旨味があるものによく合う。

(内容量) 720ml／1,800ml
(原料米)
鳥取県田中農場産山田錦100%使用
(精米歩合) 50%
(アルコール度数) 16.5%
(使用酵母) 協会9号
(日本酒度) +5～+6

神亀純米大古酒 昭和58年

とろっとした濃厚な旨味が特徴。長期間熟成させることで、少しずつ水分が蒸発して濃厚な旨味がぎゅっと濃縮される。専用の化粧箱入りで贈り物にも喜ばれる。すきとおった琥珀色の液体は長い年月をかけた純米大古酒ならでは。

(内容量) 300ml
(原料米)
米、米麹
(精米歩合) 60%
(アルコール度数) 18.5%
(日本酒度) +8

都会からすぐに行けるきれいな水の蔵

小澤酒造（おざわしゅぞう）

多摩川の清流と御岳渓谷の自然につつまれた小澤酒造。都心からのアクセスも便利で、「澤乃井」が生まれた環境を身近に感じることができる。

DATA
住所：東京都青梅市沢井2-770
HP：http://www.sawanoi-sake.com/

奥多摩の恵みから生まれた酒と豊かな自然を楽しめるガーデン

東京都青梅市、多摩川上流の御岳渓谷に、豊かな水の恵みを受けた酒蔵がある。「澤乃井」が代表銘柄の小澤酒造だ。元々は林業を営んでいた小澤家が豊富な水源を活かして1702年に酒造りを始めたという。

当時は武蔵国沢井村と呼ばれたこの地は秩父古生層の上にある。澤乃井は、この太古の地層から湧き出る清涼な水と選りすぐりの原料米を使って、代々磨き上げた技で酒造りを続けてきた。

広報の吉崎さんによると「お酒は本来神様に捧げるもので、酒造りは神事。お酒一本一本に真剣な心配りをした丁寧な仕事を心がけています」とのこと。

澤乃井の魅力は、奥多摩の湧水が生み出すキレのよさだ。仕込み水の井戸は2つあり、ひとつは元々水が湧いていた場所を深く掘って作られた蔵の井戸。もうひとつが近くに流れる多摩川の対岸にある山の井戸。酒造りに不要な成分が少ないやわらかな軟水が

代表銘柄『澤乃井」の名は、創業当時の地名である「武蔵国沢井村」から。澤乃井のマークは、清流の指標生物で蔵周辺にも多く生息しているサワガニを模し、澤乃井をとりまく豊かな自然環境を表している。

創業当時に建てられた「元禄蔵」。大きな神棚には、御岳山にある武蔵御嶽神社と、酒造りの神を祀る東京都府中市の松尾神社の御札が祀られている。毎年9月の酒造り前には武蔵御嶽神社の神主が安全を祈願。

湧く。生酛造りで醸される「東京蔵人」にはこの2つの湧き水を使い、口当たりなめらかで、程よい酸が旨味を引き立たせている。

地元の人にも親しまれてきた一番の定番酒は「純米大辛口」。このあたり一帯で盛んだった林業に従事する人々が好む塩辛いものに合う、キレのいい味わいだ。

また、華やかで気品あふれる香りと味わいの「純米大吟醸」はパリで行われたKura Master 2021で最高賞を受賞した注目の逸品だ。

そのほか、都心からの交通の便がよい蔵として1966年ごろから蔵見学も行われている。蔵をとりまく自然環境や歴史ある元禄蔵、蔵の井戸の見学、そして蔵に隣接する清流ガーデン澤乃井園で唎き酒もできる。澤乃井園には売店や軽食ができる場所もあり、仕込み水を使った自家製の豆腐やコーヒーなども味わえ、1日楽しめる場所となっている。

こだわり・造り方

こだわり 御神事として丁寧に作業する

蒸米

小澤酒造では「御神事のひとつ」として、どの作業も丁寧に進められる。蒸米の工程では、厳選された原料米を蒸し上げた後、ベルトコンベアーで動かして空気に触れさせて冷ましている。

濾過作業

仕上げ直前にフィルターで酒を濾過する工程。この後、瓶詰めや火入れをする。

櫂入れ

櫂入れの作業。もろみを加えた後、定期的に撹拌していく。

代表的な銘柄

奥多摩湧水仕込

小澤酒造で最も人気があり、地元の人々にこよなく愛されるキレ味のよい普通酒。近隣の祭りや行事の際の奉献酒として、また鏡開きなどの際にも使われる。和食全般と相性がよい。

（内容量）
300ml／720ml／1,800ml
（味）おだやかですっきり
（精米歩合）68%
（アルコール度数）15度
（日本酒度）+3
（酸度）1.3

純米大辛口（じゅんまいだいからくち）

小澤酒造の定番酒。辛口ながら米本来の味わいと香りがあり、幅広い料理に合う。塩辛いつまみに合うようなキレのよい味わいで、青梅市観光協会推奨土産品にも選ばれた。常温〜ぬる燗がもっともおすすめ。

（内容量）
300ml／720ml／1,800ml
（味）キレのよい辛口
（精米歩合）65%
（アルコール度数）15度
（日本酒度）+10
（酸度）1.8

東京蔵人（とうきょうくらびと）

生酛造りで丁寧に醸された純米吟醸酒。コクのある重厚な味わいと、軽快ですっきりとした味わいと香りを融合させた、小澤酒造初の試み。Kura Master 2018純米吟醸部門プラチナ賞ほか数々のコンテストで受賞。冷や〜ぬる燗で。

（内容量）
300ml／720ml
（原料米：原材料）
五百万石
（味）上品でコクがある
（精米歩合）55%
（アルコール度数）15度
（使用酵母）自社酵母
（日本酒度）+1
（酸度）1.9

純米大吟醸

優秀な酒米である山田錦を50%まで磨き上げ、華やかな香りと優雅でコク深い、気品あふれる味わい。Kura Master 2021でプレジデント賞（最高賞）を受賞した逸品。冷やか常温で飲むのに適している。

（内容量）
720ml／1,800ml
（原料米：原材料）
山田錦(兵庫県産)
（味）優雅でコクがある
（精米歩合）50%
（アルコール度数）15度
（使用酵母）自社酵母
（日本酒度）±0
（酸度）1.5

関連施設

豊かな自然に名水……呑兵衛もそうでない人も澤乃井の魅力をこころゆくまで楽しむ

清流ガーデン澤乃井園へ行こう!

奥多摩の四季折々の豊かな自然の中にある「清流ガーデン 澤乃井園」。園内や周辺一帯には、銘酒「澤乃井」はもちろん、その仕込水を使った豆腐・湯葉やコーヒーなども味わえるスポットが数多く点在している。

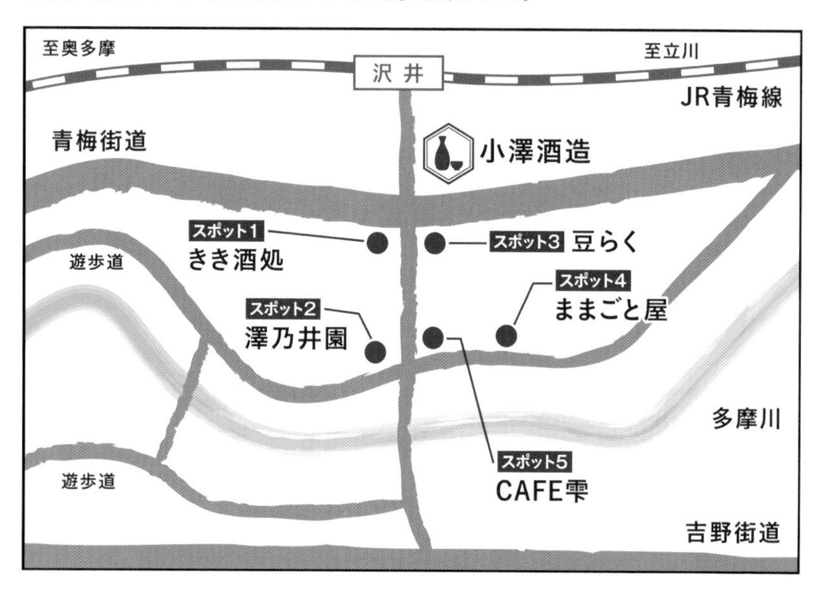

スポット1

きき酒処

常時10種類ほどのお酒は、澤乃井のカニマークつき5勺(90ml)のきき猪口で1杯200円から楽しめる。澤乃井の銘酒の数々を「色」「香り」「味」で味わいながら自分好みのお酒を見つけてみては。

スポット2

清流ガーデン 澤乃井園

多摩川のほとりに広がる庭園で軽食や買い物が楽しめる。敷地内でつくられる手作り酒まんじゅうは品切れになることもある人気商品。酒造見学の前後はもちろん、自然探索やハイキングの休憩場所としても利用できる。

スポット3

豆らく

店内の大きな窓から四季折々の豊かな自然を眺めつつ、「澤乃井」のお酒と「ままごと屋」の豆腐・湯葉が気軽に味わえる。豆腐や湯葉はもちろん澤乃井の仕込水で作られている。

スポット4

ままごと屋

自家製豆腐・ゆばには、澤乃井の仕込水と、厳選された国産大豆が使われている。絶品会席料理に舌つづみを打ちながら、蔵出しの銘酒を楽しむ贅沢なひと時が過ごせる。完全予約制なので注意。

スポット5

CAFE雫

澤乃井に使用される名水を使った淹れたてのコーヒー、スイーツをイートインでもテイクアウトでも楽しめる。店内からは御岳渓谷、テラス席からは多摩川が望める。

時代に求められる味を、伝統の技術で

朝日酒造

あさひしゅぞう

朝日酒造のある新潟県長岡市の越路地域。春は新緑、初夏にはホタル、そして秋の紅葉、冬の雪と四季折々の表情が美しく、豊かな自然が残されている場所だ。

DATA
住所：新潟県長岡市
朝日880-1
HP：https://www.asahi-shuzo.co.jp/

時代に求められる味を研究し米作りから酒を醸すこだわり

朝日酒造は、水田と里山が豊かに広がっている新潟県長岡市越路地域にある酒蔵で、１８３０年「久保田屋」の名で創業した。１９２０年には朝日酒造株式会社として創立。

これまで日本三大杜氏の一つ越後杜氏のなかでも「越後四大杜氏集団」といわれた「越路杜氏」の智慧と技を受け継いで品質本位の酒造りを追求し続けてきた。

朝日酒造の酒の仕込み水は創業地内を流れる清澄な地下水脈の軟水を使用していて、これが清らかで凛とした味わいの源泉となっている。

「酒造りは、米づくりから」。その思いから酒造適性の高い酒米の栽培と栽培研究、環境保全型農業を実践するため、有限会社あさひ農研も設立している。

代表銘柄は創業時の屋号を冠した「久保田」と、新潟県内で主に親しまれている創業から醸されてきた「朝日山」だ。特に久

エントランスホールには、「四季折々の朝陽」をイメージしたステンドグラスをはじめ、お猪口と酒樽をモチーフにした柱も。

1830（天保元）年創業の朝日酒造。当時は「久保田屋」の名で、代表銘柄は「朝日山」であった。2030年には創業200年を迎える。

昭和初期に朝日酒造の創立者、平澤與之助が建てた「松籟閣（しょうらいかく）」。伝統的な日本家屋に、アールデコ様式の丸窓やステンドグラスなどの装飾を採り入れた住宅で、2018年に重要文化財に指定された。

保田は1985年に社運を掛けて誕生したブランドで、キレのあるすっきりとした淡麗辛口の味わいは当時のニーズを見事に捉え、日本酒の新たな方向性を示した。低温で高精度の発酵経過で、より雑味の少ないすっきり感が特徴だ。

そして、麹の働きを最大限発揮させることで、綺麗ですっきりとしながらも味わいの幅も生み出すことに成功。キレのある喉ごしと米本来の旨味、酸味、ほのかな余韻と甘味が感じられる逸品となった。

創立100周年を機に久保田のブランドリニューアルを本格化し、日本酒の魅力を広く発信すべく、伝統と革新の融合となる新たな美味しさを追求した。

また、日本酒研究センターを設置して、好まれる味わいの基礎研究を行うなど、常に高い理想を実現すべく新たな挑戦と研究を続けている。

代表的な銘柄

久保田 萬寿（まんじゅ）

人々の特別な記念日を彩ってきた純米大吟醸酒。「深みのある味わいと香りの調和」が特徴で、上品な旨味を引き出す料理と互いに高め合う味。冷酒、常温で飲むのが特におすすめ。

（内容量）720ml／1,800ml
（原料米）
麹米：五百万石(新潟県産)
掛米：新潟県産米
（精米歩合）
五百万石　50%
新潟県産米　33%
（アルコール度数）15度
（使用酵母）非公開
（日本酒度）+2
（酸度）1.2

久保田 純米大吟醸

上質な酒をカジュアルに楽しんでもらうため、30年を超える久保田の伝統の技で、香りと甘味、キレを融合させた。デザインもモダンにリニューアルし、久保田の新たな挑戦を表現している。

（内容量）
300ml／720ml／1,800ml
（原料米）
五百万石（新潟県産）
（精米歩合）
五百万石50%
（アルコール度数）15度
（使用酵母）非公開
（日本酒度）±0
（酸度）1.3

こだわり①

あさひ農研

1990年に設立された農地所有適格法人「有限会社あさひ農研」。厳格な品質管理のもと、地域の契約栽培農家とも協力しながら、酒造りに最適な、たんぱく質が低く心白が中心にあり、大きく粒ぞろいな米を追求している。

こだわり② 伝統を次世代へ受け継ぐ酒造り

越路杜氏の智慧と技、そして伝統を残していく志を次世代に受け継ぐため「酒造りの科学的伝承」に取り組み、品質本位の酒造りを志す。

伝統や歴史を重んじながら時代に合わせて進化し続け、飲む人の「美味しい」にまっすぐ向き合いつづけている。

社運を掛けて誕生した久保田。昭和60年の発売当時その淡麗辛口の味わいは、肉体労働から知的労働に変化していくにつれ、濃い味からあっさり味を好むようになった都市部の多くの人々に受け入れられた。

優良清酒酵母「協会七号」発祥の酒蔵

宮坂醸造
みやさかじょうぞう

上質な食中酒を目指す「真澄」が代表銘柄の宮坂醸造。清冽な水と冷涼な気候に恵まれた信州諏訪の地で創業以来酒造りを続けている。

全国清酒鑑評会で1943年から4年連続一位を獲得した「真澄」の美味しさの秘密を見出すべく多くの研究者が宮坂醸造を訪れた。そこで発見された「七号酵母」は今では多くの蔵元に愛されている。

DATA
住所：長野県諏訪市元町1-16
HP：https://www.masumi.co.jp/

積み重ねた伝統と個性を活かした食中酒を目指す

１６６２年創業の宮坂醸造は、２０２２年で３６０周年を迎える老舗酒蔵のひとつ。代表銘柄「真澄」は地元諏訪市にある諏訪大社のご宝鏡の名が由来とされる。

大きな改革がなされたのは、現蔵元の祖父、宮坂勝さんの時代。若くして酒蔵を継いだ勝さんは同年代の蔵人、窪田千里さんを杜氏に大抜擢。全国の有名な蔵へ視察を重ね設備や技術を磨き続けた。その成果が実を結び、１９４３年には全国清酒鑑評会で第一位を獲得。１９４６年には大蔵省醸造試験場の山田正一博士が真澄の酒蔵から新種の酵母を発見。「協会七号」と名づけられたこの優良酵母はたちまち全国の酒蔵へと拡がり「近代日本酒の礎」と称された。

そして、当代蔵元である直孝さんはフランスの国際的ワイン展示会へ出展し、プロから高い評価を受けて、欧米向けの輸出を本格化させた。２０１７年に酒質とともにパッケージデザインも大きく変更。「食卓の名脇役

1997年に誕生した蔵元ショップ「Cella　MASUMI」（セラ真澄）。現蔵元の宮坂直孝さんが、酒カントリーツーリズムの一環としてショップとともにテイスティングができる場を作った。日本酒文化の素晴らしさと、和やかな食卓の大切さを伝えている。

「水鏡に映り込む一枚の蔦の葉」をイメージしたロゴ。水鏡は日本酒、諏訪湖、真澄の鏡を、蔦は宮坂家の家紋を表す。ブランドメッセージ「人　自然　時を結ぶ」に含まれている伝統と革新、七号酵母の穏やかで調和のとれた風味、世界に向けた酒文化の発信の想いが込められている。「真澄」の字は長野県出身の挿絵画家・中村不折さんの書。

でありたい」という想いから真澄の字はさりげなく添えられ世界に発信するために和テイストのイメージ色を採用した。

２０１９年には七号酵母に特化した酒造りへと原点回帰し、新たな製法や味わいへの挑戦を決断。直孝さんの長男で社長室長の勝彦さんの「名誉ある七号酵母の発祥である真澄が、ごくわずかとはいえ華やかな香りを作り出すような酵母を使うのは良くない」という言葉がきっかけだったという。当時は華やかな香りでヒット商品も生まれ、品評会でも抜群の成績を誇っていたが、甘みが強すぎたり後味に渋みが残るという欠点もあった。七号酵母への回帰は社内で大きな議論になり、顧客からのクレームや品評会での成績不振も心配されたが、結局「これからはどんな酒を作っていくのかをハッキリさせないと生き残れない」という勝彦さんの主張に直孝さんが折れる形で七号酵母への転換を図った。積み重ねた伝統と個性を活かした食中酒を目指して、これからも酒造りに勤しみ続けていく。

こだわり・造り方

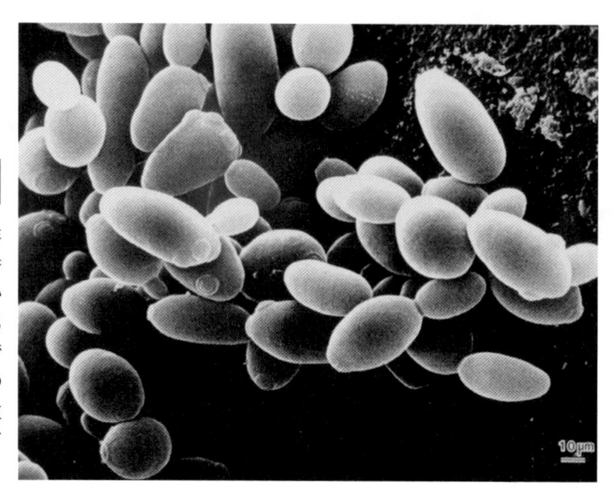

こだわり① 七号酵母

もともと真澄は七号酵母の発祥蔵だが、一時は限定的ながら香りが華やかな酵母も使用していた。2017年に直孝さんの長男で社長室長の勝彦さんの発案で原点回帰。現在はほぼ全ての製品を自社の研究室にて再選抜した七号系自社株酵母で醸している。

創業は1662年。当時は諏訪家に仕える武士だったが、1862年に刀を置いて酒屋になったという。創業時は栄えたが、江戸末期から明治大正時代は商売に苦心し、お茶の卸売をしたり、借金のカタに酒蔵を抑えられるなどして、酒造りができなかった時代もあった。

「僕には4つ叶えたい夢があります。一番は日本一の品質のお酒を作ること。二番目はいい食中酒を造ってお客さまの食卓を和やかにすること。三番目はヨーロッパの酒蔵のように、その街をにぎやかにするような酒屋になること。最後に、日本酒の国際化を進め、日本酒を世界酒に進化させることです」と酒蔵の今後の目標を語る直孝さん。

こだわり② 食中酒

上質な食中酒造りを目指す宮坂醸造。先々代である勝さんはさかんに「真澄という酒は、食卓で家庭のおばんざいの味を引き立て、会話を盛り上げて食卓を和やかにする脇役の酒であるべきだ」と言っていたという。七号酵母への回帰を決定づけた、最も鍵となる考え方である。

冬季にのみ出荷されるしぼりたての生原酒「あらばしり」には、冬が旬の香り高い食材やコク深い料理がよく合う。例えば、春菊のくるみ和え、柚子味噌、鴨肉のオレンジソース、白子のアヒージョ、豚バラ肉の黒酢煮込みなどにマッチする。

長野県産の米のみを原料にした、信州の風土を表した山廃仕込みの「七號」。そのスパイシーな風味のある複雑な味わいは、軽く炙った金目鯛のにぎりや白身魚の醤油蒸し、焼きナスのマリネなど手の込んだ料理に合う。冷酒がおすすめ。

こだわり③ 点字ボトル

ワインメーカー、シャプティエ社のラベルの凸凹を見て点字ラベルの存在を知り、その美しさに衝撃を受けたことをきっかけに、直孝さんが日本で実践した点字ボトル。視覚障がい者が誤飲しないように、「真澄」ではなく「酒」の文字が入っている。

代表的な銘柄

真澄 スパークリング Origarami

程よい酸味と上品な甘さを持つ泡の酒の代表で、心地よい発泡感が人気を博す、澱引き作業前のカジュアルな酒。香りは、果実や白い花のような華やかさを中心に、サワークリームのようなフレッシュな酸を思わせる香りがほのかに加わる。酸味のある料理や軽めの魚介類、またバター風味の料理と相性がよい。

（内容量）
375ml／750ml
（原料米：原材料）
米（国産）
（精米歩合）55%
（アルコール度数）12度
（使用酵母）七号系自社株酵母
（日本酒度）非公開
（酸度）非公開

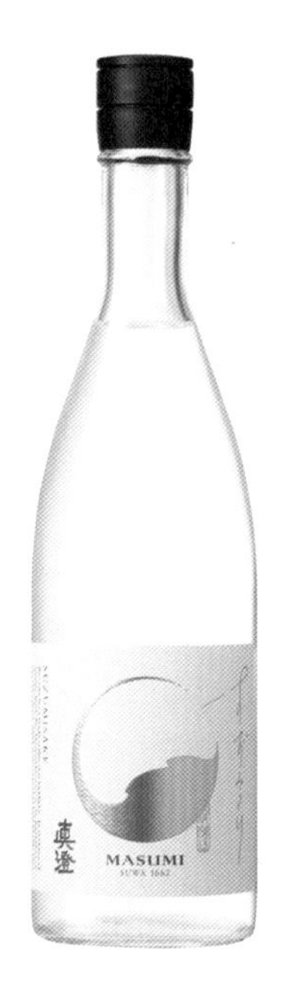

すずみさけ

白麹を用いた酸味のある酒。夏季限定で、生命力に満ちた草花や夏の高原を吹き抜ける透明感ある風をイメージして造られた。新鮮なレモンのような柑橘系の軽やかな香りと、ピュアな甘さ、爽やかな酸味が特徴的。柑橘類を搾ったりかけたりする料理とマッチする。

（内容量）
300ml／720ml／1,800ml
（原料米：原材料）
美山錦（長野県産）、山田錦（兵庫県加東市山国地区産）
（精米歩合）55%
（アルコール度数）14度
（使用酵母）七号系自社株酵母
（日本酒度）±0前後
（酸度）2.0前後

夢殿

明治時代から最上の真澄に与えられる「夢殿」を冠した定番の純米大吟醸酒。品評会出展酒でもあり、袋搾りの雫のみを製品化した希少な一本。華やかで芳潤な香りと、上質さと風格を感じさせる柔らかくきめ細やかな口当たりが特徴。ワイングラスなど、口造りが薄い酒器で飲むのがおすすめ。

（内容量）
720ml
（原料米：原材料）
山田錦（兵庫県加東市山国地区産）、愛山（兵庫県産）
（精米歩合）35%
（アルコール度数）15度
（使用酵母）七号系自社株酵母
（日本酒度）-3.0前後
（酸度）1.8前後

白妙 SHIRO

カジュアルに楽しめる低アルコールの純米吟醸酒。白妙の字のごとく、布のような柔らかく軽い口当たりと力強い米の旨味とのバランスが特徴。甘海老やシソの葉の天ぷらなど、軽やかできめ細かやお料理と合う。温度が上がらない、小ぶりの酒器で飲むとより美味しい。

（内容量）
300ml／720ml／1,800ml
（原料米：原材料）
美山錦（長野県産）、山田錦（兵庫県加東市山国地区産）
（精米歩合）55%
（アルコール度数）12度
（使用酵母）七号系自社株酵母
（日本酒度）-3.0前後
（酸度）1.5前後

漆黒 KURO

真澄の中心の商品となるスタンダードな純米吟醸酒。日常の食卓から華やかな宴席まで、どんな場面にもマッチする透明感とふくらみを合わせ持つ味わい。イメージは漆塗りの艶やかな黒で、ハーブや薬味を添えた料理や淡白な食材と合う。

(内容量)
300ml／720ml／1,800ml
(原料米：原材料)
美山錦(長野県産)、山田錦(兵庫県加東市山国地区産)、ひとごこち(長野県産)
(精米歩合) 55%
(アルコール度数) 15度
(使用酵母) 七号系自社株酵母
(日本酒度) +4.0前後
(酸度) 1.7前後

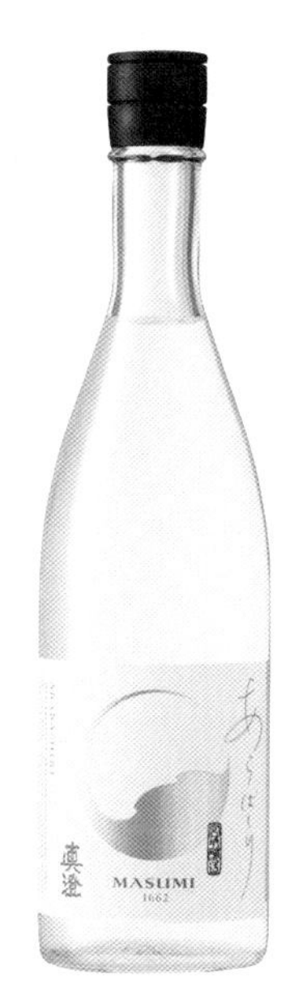

あらばしり

酒造りが行われる冬季限定のしぼりたて生原酒。流通が発達していない頃は蔵人たちだけが知っていた。ふくらみのある甘みとフレッシュな酸味のある鮮烈で躍動感のある味わい。香りは果実のような豊かさと華やかさが調和している。冬が旬の香り高い食材や、コクのある料理と相性がよい。

(内容量)
300ml／720ml／1,800ml※一部店舗での販売
(原料米：原材料)
山恵錦(長野県産)、ひとごこち(長野県産)
(精米歩合) 55%
(アルコール度数) 17度
(使用酵母) 七号系自社株酵母
(日本酒度) -7.0前後
(酸度) 1.3前後

糀あま酒 ぷれーん

酒蔵の糀づくりの技術を生かした米糀100％の甘酒。粒をすりつぶしているためそのままでも、炭酸水やミルク割りでも飲みやすく、楽しめる。お料理やお菓子作りにも。

(内容量)
500g
(原材料)
米麹(国産米)

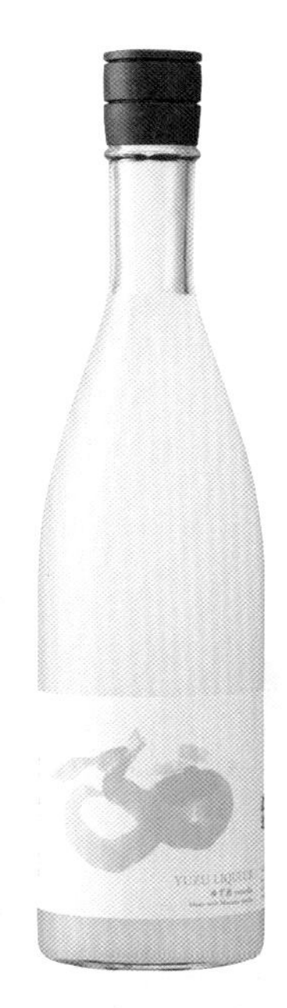

ゆず酒

柚子果汁を自家製焼酎にブレンド。爽やか香りと程よい甘みを具えた逸品です。世界で人気が高まる日本の柑橘、柚子。爽やかな香りや酸味、心地よい苦味といった柚子果汁の持ち味を活かすため自家製焼酎をブレンドし、僅かな甘味で味を調えました。水割りやロックはもちろん、ビール割りもお試しください。リキュール。

(内容量)
300ml／720ml
(原材料)
本格焼酎、ゆず果汁(国産)、砂糖
(アルコール度数) 14度

車多酒造
しゃたしゅぞう

霊峰白山と加賀平野の恵みで醸す蔵

DATA
住所：石川県白山市
坊丸町60番地1
HP：https://www.
tengumai.co.jp/

次代に引継ぐ酒造りの歓びと「飲んで旨い酒」

車多酒造は江戸後期となる1823年の創業より、霊峰白山を望む加賀平野で酒造りを続けてきた。

「飲んで旨い酒」造りのため能登杜氏の手造りの文化を継承し、麹造りや酒母造りなど酒の出来上がりに大きな影響を与える過程は機械を使うことなく、手作業で行うことを大切にしている。

また、その技の伝承と同時に手で造る歓びそのものも次代に伝え、その歓びから生まれる日本酒を多くの人に味わってもらいたいという思いを酒造りに込めている。

車多酒造の代表格となる日本酒は「天狗舞」。白山から湧き出る伏流水と加賀平野に実った良米を原料に、七代当主と杜氏が心血を注いで編み出した天狗舞流の山廃仕込(山卸し廃止酒母)で丁寧に醸されている。

追い求めるのは「飲んで旨い酒を、熟練の蔵人が醸す、本物の酒造りの伝承」だ。

搾りあがったばかりでも麹由来の黄色がか

能登から採取した杉の葉を、若手蔵人が毎年手作業で丁寧に作っている杉玉。青々とした立派な杉玉が軒先に飾られると、新酒が搾り上がった合図となる。

天狗舞の多くは山廃仕込。その手法は、昭和40年代に七代当主の車多壽郎と杜氏の中三郎が全身全霊を込めて築き上げたもので、現在でも細やかな改良を重ねてその伝統を守っている。

丹精込めて造られた酒がじっくりと熟成されると、酒は山吹色に色づく。活性炭を使えば色を整えることはできるが、そうせずに自然な色合いを守り続けるのが車多酒造流。

った色になるのは、麹の製造工程において通常の酒蔵より多くの麹菌を繁殖させているから。

さらに蔵でじっくりと熟成させることで、活性炭で酒の色を整えることはできる限り避け、日本酒の自然な色である美しい山吹色を守り続けているのも特徴だ。

そのほか、料理の味わいを引き立てる上質なうまさが特徴の「五凛」、のむもつけるもよしの肌専用日本酒「ｓｈｕｒｅ」なども製造する。

車多酒造が常に志すのは、飲む人の心を潤わせ、人と人をつなげるような日本酒造りだ。これからも、食事とともに楽しめる、飲んで旨い酒を手造りで醸し続け、地域の人々の誇りと喜びにもなる日本酒を世界に発信していく。

こだわり・代表的な銘柄

天狗舞
山廃仕込純米酒

車多酒造の代表作「天狗舞」のなかでも純米酒・山廃造りの代名詞ともいわれる看板商品。個性豊かな純米酒で、山廃仕込み特有の濃厚な香味と酸味のバランスが魅力。

（内容量）1.8L／720ml
（原料米：原材料）
五百万石等の酒造好適米
（精米歩合）60%
（アルコール度数）16度
（使用酵母）自家培養酵母
（日本酒度）+3
（酸度）2.0

酒造りの多くの工程に機械や装置を導入している酒蔵が増えるなか、技術を伝承し、酒造りの歓びを伝えるためにも手造りの工程を多く残している。

蔵人が手をかければかけるほど、酒造りにかかせない麹かびや酵母菌などの微生物がその熱意に応え、「飲んで旨い酒」となる。

五凛 純米酒

軽やかでありつつも豊かな味わいを持つ純米酒。料理の味わいを引き立てる上質なうまさと、冷でも燗でも楽しめる適度な酸味と口当たりの良さが特徴。

（内容量）1.8L／720ml
（原料米：原材料）
山田錦
（精米歩合）60%
（アルコール度数）16度
（使用酵母）自家培養酵母
（日本酒度）+4
（酸度）1.7

shu re（シュレ）特別純米

「肌」や「美容」に特化して造られた、奥行きと深みを感じる個性豊かな味わいの酒。そのままでももちろん、カクテルやサングリアなどとしても楽しめる。美容クリームなどの商品展開も。

（内容量）300ml
（原料米：原材料）
五百万石
（精米歩合）60%
（アルコール度数）17度
（使用酵母）自家培養酵母
（日本酒度）+1
（酸度）2.2

黒龍酒造

こくりゅうしゅぞう

「味わう」という一瞬に、知恵を絞る

黒龍酒造本社主屋

創業200年以上の歴史ある酒蔵。主屋は登録有形文化財にも登録されている。

DATA
住所：福井県吉田郡永平寺町松岡春日1-38
HP：https://www.kokuryu.co.jp/

「永遠につながる一献」と「自由の扉をあける一杯」

黒龍酒造は文化元年（1804）、江戸時代後期の創業という歴史ある酒蔵。創業者は石田屋二左衛門で、現永平寺町松岡春日にて酒造業を始めた。

酒蔵のある永平寺町松岡は、松岡藩が奨励したこともあり、かつては17軒もの酒蔵があったという水質に優れた土地柄である。また福井県の海の幸として知られる越前ガニや甘海老、酒蔵の近くを流れる九頭竜川の鮎や桜鱒など、食材に恵まれた土地でもある。

黒龍酒造が目指すのは、福井の味覚の素材そのものの味を生かし料理を引き立てる、繊細な旨みと程よい風味を持つ食中酒である。原酒のときはやや控えめな味わいで搾り、その後、兼定島酒造りの里で熟成させることで、優しく上品な味わいになるように仕上げていくという。

こだわりの水は九頭竜川の伏流水、お米は福井県産の五百万石や、兵庫県産山田錦を主に使うなど、日本酒造りに適したお米

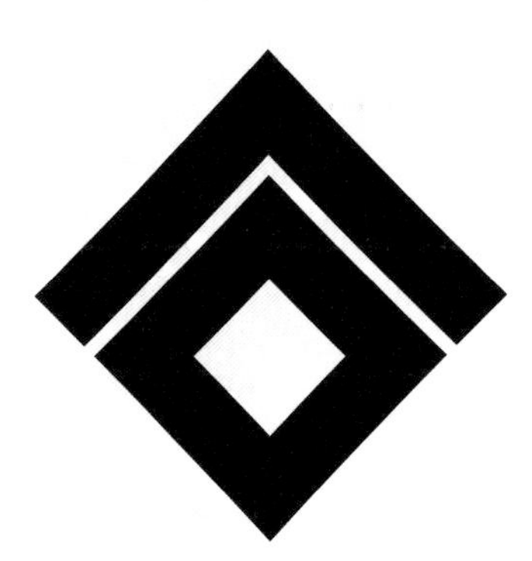

黒龍酒造ロゴマーク

マークは45度回転させると屋号石田屋の石の漢字となり、蔵の軒下に下げる笠と杉玉がモチーフとなっている。黒龍酒造オリジナル720mlボトルの肩には、マークが凹凸で表現されている。

を選んでいる。

七代目の蔵元・水野正人さんが、フランスやドイツで学んできたワインの醸造、熟成方法を日本酒造りに応用し、1975年に発売された「黒龍 大吟醸 龍」は、一般に大吟醸を販売する先駆けとなった。「黒龍 石田屋」は、酒米山田錦の最高峰の産地でもある、兵庫県東条産のものを使うだけでなく、日本一の漆器の生産地でもある越前漆器の技術で仕上げた漆箱は、贈答にもふさわしく祝いの気分をさらに盛り上げる。

伝統文化を守り受け継ぐ「黒龍」ブランドに対し、「九頭龍」ブランドは、創業200年を迎えた2004年に、燗にしておいしい大吟醸「九頭龍 大吟醸」を。近年では、オンザロックでおいしい「九頭龍 氷やし酒」を発売するなど、多様性を認め合う時代にマッチする、さらに自由に楽しめるお酒を追及している。

こだわり・造り方

こだわり① 九頭竜川の伏流水

銘酒の原点は仕込水。霊峰白山山系の雪解け水が、自然のフィルターを通過してきた澄み切った九頭竜川の伏流水は、軟水の特徴が活きた軽くやわらかくしなやかな口当たり。黒龍酒造が目指す綺麗でふくらみのある吟醸酒に最適な水である。

こだわり② さらし

酒造りで一番大切にされている麹造りの工程。そのうちのさらしの作業。粗熱をとった蒸米を麹室のなかに運び、蒸米全体が均一な厚さになるよう広げている。

こだわり③ 種切り

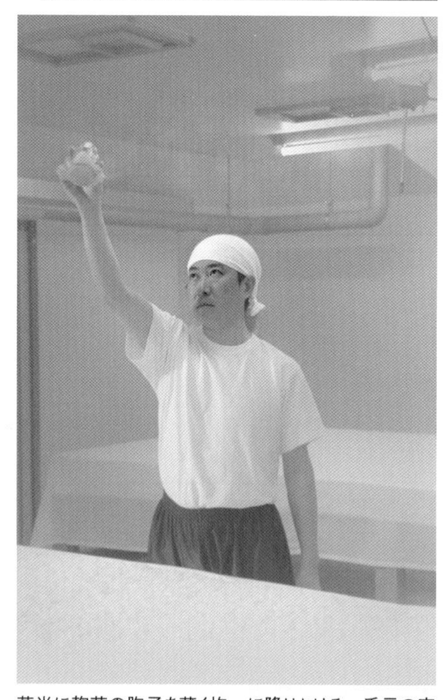

蒸米に麹菌の胞子を薄く均一に降りかける。手元の容器に種麹を入れ容器の口に特殊な布を当てる。布を通った胞子を頭上より降り掛け蒸米に舞い降りるまで30秒。薄布を描けるように薄く均一に、米粒ひとつに胞子ひとつと言われるくらいデリケートな仕事である。

こだわり④ 兼定島酒造りの里

本社（蔵）で造ったお酒の理想的な熟成を実現するため2005年に建設された。1,000㎡を超える冷蔵庫を備えており、徹底した原酒の低温・氷温管理を行う。ここから全国の販売店に出荷される。

こだわり⑤ 越前和紙ラベル

一部の商品ラベルには福井県の伝統工芸品である越前和紙を使用している。手漉きの和紙ラベルに商品名が箔押しされた後、「松岡石田屋」の落款が1枚1枚丁寧に手押しされる。

代表的な銘柄

黒龍 石田屋

生産本数に限りのある極みの酒。純米大吟醸酒を低温でじっくり熟成させ、うまさとまろやかさを引き出している。香りはおだやかだが、極めて上質な香味が余韻を残す。黒龍酒造の屋号である「石田屋」の名を持つ。

(内容量) 720ml
(使用米)
山田錦(兵庫県東条産)
(精米歩合) 35%
(アルコール度数) 16度
(使用酵母) 蔵内保存酵母
(日本酒度) +3.0
(酸度) 非公開

日本海の冬の味覚の王、越前ガニをはじめ、福井県は海の幸が豊富。黒龍酒造の日本酒は豊かな素材の繊細な味わいを生かしてくれる。

九頭龍 大吟醸

2004年に燗用に造られた九頭龍の大吟醸。熟成させることによって、味わいがさらに深く、洗練されている。ぬる燗～上燗で楽しむのがおすすめ。

（内容量）720ml
（使用米）
五百万石（福井県産）
（精米歩合）50%
（アルコール度数）15度
（使用酵母）蔵内保存酵母
（日本酒度）+4.0
（酸度）非公開

黒龍 大吟醸 龍

1975年、全国に先駆けて発売されたロングセラーの大吟醸酒。ワインの熟成方法を応用した造りで、上品な果実の香りと上質な味わいが蔵人の情熱を感じさせる。

（内容量）720ml
（使用米）
山田錦（兵庫県産）
（精米歩合）40%
（アルコール度数）16度
（使用酵母）蔵内保存酵母
（日本酒度）+5.0
（酸度）非公開

九頭龍 氷やし酒

1997年まで発売していた「冷酒（ひやしざけ）」と「オンザロック」から名付けられた真夏の限定酒。暑い夏には、氷を浮かべたオンザロックがおすすめの飲み方。

（内容量）720ml
（使用米）
五百万石（福井県産）
（精米歩合）65%
（アルコール度数）18度
（使用酵母）蔵内保存酵母
（日本酒度）+1.5
（酸度）非公開

九頭龍 純米

日々楽しむことのできるカジュアルな純米酒。地元、福井県産五百万石の風味をしっかり残しながらも飲みやすく仕上がっている。どんな料理にも合う味わいで、温めても冷やしても美味しい。

（内容量）720ml
（使用米）
五百万石（福井県産）
（精米歩合）65%
（アルコール度数）14.5度
（使用酵母）蔵内保存酵母
（日本酒度）+5.5
（酸度）非公開

加藤吉平商店

かとうきちべえしょうてん

「梵」で知られる完全無添加の純米酒

180年前の建物を、数年かけて耐震構造への進化を含めて大改修した「梵・町屋ギャラリー」（※現在、コロナ禍の為、一般公開は一時中止しております）。

DATA
住所：福井県鯖江市
吉江町1号11番地
HP：https://www.born.co.jp/

世界に誇る日本酒を鯖江から創業時から変わらぬ伝統製法

加藤吉平商店は古くからものづくりの文化が根付く鯖江で1860年に両替商・庄屋だった先祖が日本酒製造を始めたことにはじまる。代表銘柄は「梵」。同じ銘柄の焼酎のほか、リキュールも製造している。

「梵」の酒造りで使われるのは、米と米麹と水の3つだけ。蔵の創業時から変わらない伝統的な手づくりによる製法を今も守り続け、余分な添加物は一切加えない純米造りである。

雑味のない透き通った味わいが特徴で、米の磨きにこだわり抜き、国内トップクラスに白く精米されたお米を使って醸造させている。

全てのお酒はマイナスの低い温度で、最低でも1年、長いものでは10年以上もの間大切に熟成される。この氷温熟成により、生み出される熟した果実のような素晴らしい香りと、なめらかで深い口当たりも魅力である。

純米酒のみにこだわり「素材・温度・技

酒米の王様と名の高い「兵庫県特A地区産契約栽培山田錦」と「福井県産五百万石」だけを使用。粗タンパク、粗脂肪が少ない心白（しんぱく）だけを使って、出来上がった酒は純粋でピュアな味わいに。

全商品KLBDコーシャー認定を受けており、原材料から製造・商品化に至る全てに安心・安全であると証明されている。

地下約184mの深さの井戸から組み上げた、白山連邦の伏流水のみを使用。

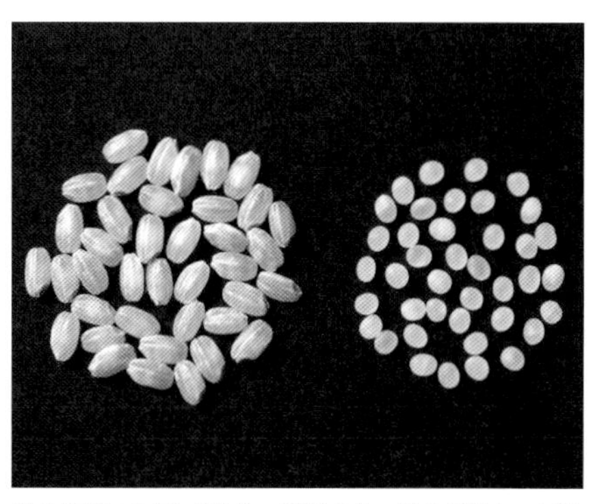

米の磨きにこだわり抜き、雑味のない澄んだ味わいが特徴。自家精米で蔵内平均精米歩合34.5%、最高ランクの「梵・超吟」は精米歩合20%という、国内トップクラスに白く精米されたお米を使って醸造している。

術」の日本酒造りの全工程に職人一人ひとりの思いが詰め込まれており、大量生産することはできないが、「体に優しく、心からうまいと言ってもらえる日本酒を造り続けたい」という先代からの思いを受け継いでいる。

積極的に海外への輸出に取り組み、現在「梵」ブランドは世界108ヶ国へ輸出されており、国内はもちろん世界的な酒類品評会においても数々の最高賞を受賞。

世界中の「祝いの席」から「日常のご褒美」まで、幸せな時間がより輝くための日本酒として、海外では多数の在外公館で公式行事晩餐酒に採用されている。

2018年には築180年以上の町屋を改修した観光交流施設「梵・町屋ギャラリー」を開業し「梵」の魅力と歴史を伝え続ける。

歴史・こだわり

福井縣
加藤吉平
清酒 越乃井
一等賞
審査長大阪税務監督局鑑定部長従五位勲六等 菊地新平
審査ノ成績ニ依リ之ヲ授與ス
昭和五年十月二十五日
第三回北陸三縣酒類品評會長坂野權次郎
總裁石川縣知事正五位勲四等中野邦一

昭和の初め、北陸清酒鑑評会において4年連続最優秀賞（一等賞）を受賞。

昭和天皇の御大典の儀の際に、初めて地方選酒として使われる栄誉を受けた。蔵の前で当時の蔵役との記念写真。

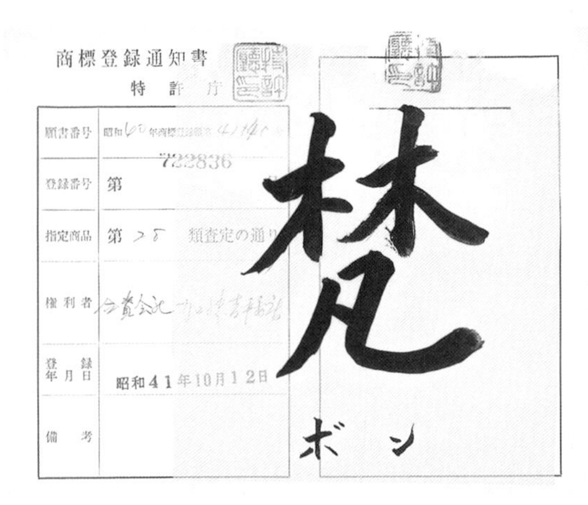

商標登録通知書
特許庁

願書番号	昭和[illegible]年商標登録願第[illegible]
登録番号	第 722836
指定商品	第28類査定の通り
権利者	合資会社[illegible]
登録年月日	昭和41年10月12日
備考	

梵
ボン

昭和38年にお酒の名前を全て「梵」に統一し、昭和41年に国内で正式商標登録された。現在では、日本を含めて世界100以上の国や地域で正式商標登録されている。写真は、特許庁からの商標登録通知書（「梵」の字は十代目吉平直筆）。

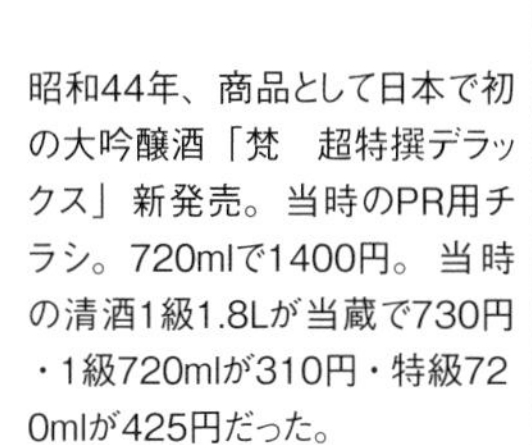

昭和44年、商品として日本で初の大吟醸酒「梵　超特撰デラックス」新発売。当時のPR用チラシ。720mlで1400円。当時の清酒1級1.8Lが当蔵で730円・1級720mlが310円・特級720mlが425円だった。

JRが民営化される際など、世の中の変革や区切りの際の乾杯酒として、また国賓の歓迎晩餐会をはじめ、さまざまな国際イベントの乾杯酒として「梵」が指名されている。写真は昭和62年にJRが民営化された際の鏡開きの様子。

日本で最初の市販熟成酒「梵　三年酒オールド」（純米酒の3年熟成酒）を新発売。当時の「梵　三年酒オールド」のラベル。

1998年、カナダ・トロントで開催された国際酒祭りにおいて「梵・氷山（ICE　BERG)）が第1位グランプリを受賞。全米日本酒歓評会やインターナショナル・ワイン・チャレンジ（IWC）など品評会で次々と賞を獲得、海外で開催された世界的酒類品評会において数多くの最高賞に輝いている。写真は、1998年第10回国際酒祭り（カナダ・トロント）第1位グランプリ受賞の賞状とトロフィー。

※「梵・氷山」は現在、販売しておりません。

代表的な銘柄

梵・超吟

約5年間、マイナス10℃の環境でじっくりと熟成された酒を中心にブレンドした、梵を代表する究極の純米大吟醸酒。感動を呼ぶほどの豊かな香りと深い味は、日本の酒文化を代表する珠玉の名酒と名高い。完全予約限定品。

(内容量)
720ml(紙箱入り) ／720ml(漆箱入り)
(原料米)
山田錦(兵庫県特A地区産契約栽培)
(味) 芳醇旨口
(精米歩合) 20%
(アルコール度数) 16度
(使用酵母) KATO 9号(自社酵母)
(日本酒度) 非公開
(酸度) 非公開

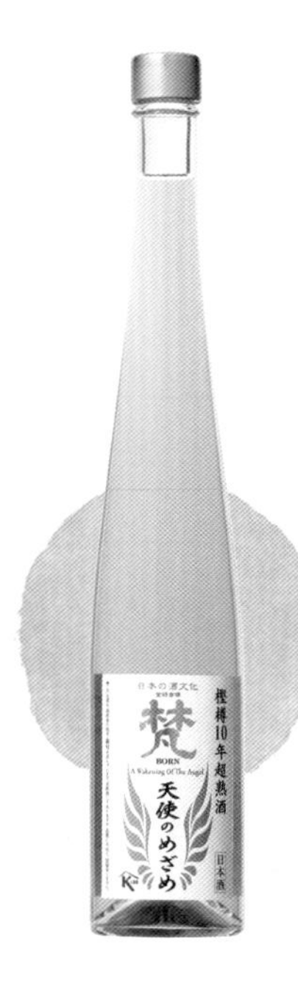

梵・天使のめざめ

2001年に醸造し、長期間フランス製の樫樽のなかで眠らせていた完全予約限定品の逸品。甘酸っぱく、熟成香が豊満に香る濃厚で甘い味わいは、ほんの少量をブランデーグラスなど口の広いグラスに注いで手で温めながら飲むと、いっそう感動的。
☆インターナショナル・サケ・チャレンジ2022 トロフィー受賞。

(内容量)
500ml
(原料米：原材料)
米(産地・銘柄は非公開)
(味) 濃醇甘口
(精米歩合) 非公開
(アルコール度数) 18度
(使用酵母) パイナップル・すももちゃん酵母(自社酵母)
(日本酒度) 非公開
(酸度) 非公開

梵・日本の翼

数々の受賞歴を持ち、国賓の歓迎晩餐会など国の重要な席で数多く使用されている純米大吟醸。精米歩合20%の純米大吟醸酒と精米歩合35%の純米大吟醸酒とをブレンドしている。気品ある素晴らしい香りを持ちながら、優しく柔らかで、深さとともに存在感のある感動の味わい。
☆ミラノ酒チャレンジ2022 ダブル金賞受賞。

(内容量) 720ml
(原料米)
山田錦(兵庫県特A地区産契約栽培)
(味) 芳醇旨口
(精米歩合)
20%精米歩合の純米大吟醸酒と35%精米歩合の純米大吟醸酒のブレンド
(アルコール度数) 16度
(使用酵母) KATO 9号(自社酵母) (日本酒度) 非公開
(酸度) 非公開

梵・夢は正夢

「夢が正夢となる」という祈願酒。ボトルは人生の勝利者を称えるトロフィーを表現している。どっしりと深く豊かな香りに、骨格がありつつ、しっとりとなめらかな味わいと味のキレが素晴らしい名酒。世界で活躍しているスポーツ選手などに愛され、祈願・祈願成就のお祝いに使われている。
☆TEXSOM（テキソム）アワード2022 Judges' Selection Medal（日本酒部門最高賞）受賞。

(内容量) 1,000ml
(原料米)
山田錦(兵庫県特A地区産契約栽培)
(味) 芳醇旨口
(精米歩合)
20%精米歩合の純米大吟醸酒と35%精米歩合の純米大吟醸酒のブレンド
(アルコール度数) 16度
(使用酵母) KATO 9号(自社酵母)
(日本酒度) 非公開
(酸度) 非公開

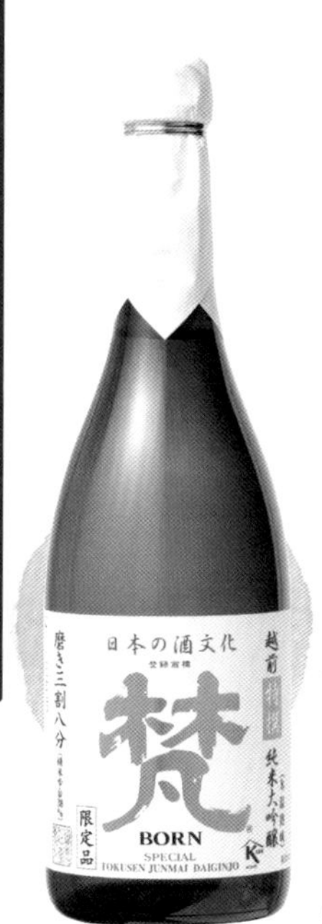

梵・特撰純米大吟醸

数々の品評会で最高賞を受賞した、梵の純米大吟醸酒の定番。38%まで磨き上げた兵庫県の特A地区産契約栽培の山田錦を原料に、0℃以下で1～2年迄氷温熟成。グレープフルーツのようなフレッシュな香りに、骨格のある、なめらかで深い味が特徴だ。冷～ぬる燗で飲むのがおすすめ。

☆モナコsakeアワード2022グランプリ（最高賞）受賞。

（内容量）
300ml／720ml／1,800ml
（原料米）
山田錦（兵庫県特A地区産契約栽培）
（味）芳醇旨口
（精米歩合）38%
（アルコール度数）16度
（使用酵母）KATO 9号（自社酵母）
（日本酒度）非公開
（酸度）非公開

梵・極秘造大吟醸

昭和43年に日本で最初に市販された大吟醸酒。0℃で約3年間熟成されたお酒がブレンドされ、豊満で気高い香りと深い味わいが特徴。

☆IWC（インターナショナル・ワイン・チャレンジ）2022ゴールドメダル受賞。

（内容量）
720ml／1,800ml
（原料米）
山田錦（兵庫県特A地区産契約栽培）
（味）芳醇旨口
（精米歩合）35%
（アルコール度数）16度
（使用酵母）KATO 9号（自社酵母）
（日本酒度）非公開
（酸度）非公開

梵・無ろ過生原酒（山田錦）

力強い生原酒の骨太さと、香り高くフレッシュな旬の旨さが閉じ込められた豊潤旨口の純米大吟醸。マイナス10℃で氷温熟成されている。

☆ラスベガス・グローバル・ワイン・アワード2022　ベスト サケ（日本酒部門最高賞）受賞。

（内容量）
720ml／1,800ml
（原料米）
山田錦（兵庫県特A地区産契約栽培）
（味）豊潤旨口
（精米歩合）50%
（アルコール度数）17度
（使用酵母）KATO 9号（自社酵母）
（日本酒度）非公開
（酸度）非公開

梵・プレミアムスパークリング

精米歩合20%まで磨き抜いた、究極のスパークリング日本酒。旬の搾りたての生原酒を、酵母とともに約1ヶ月間以上、瓶内二次発酵させた後、マイナス10℃で1年以上熟成させている。

☆ワイングラスでおいしい日本酒アワード2022　金賞受賞。

（内容量）
375ml／750ml
（原料米）
山田錦（兵庫県特A地区産契約栽培）
（精米歩合）20%
（アルコール度数）16度
（使用酵母）KATO 9号（自社酵母）
（日本酒度）非公開
（酸度）非公開

磯自慢酒造

いそじまんしゅぞう

静岡県焼津市唯一の老舗酒蔵

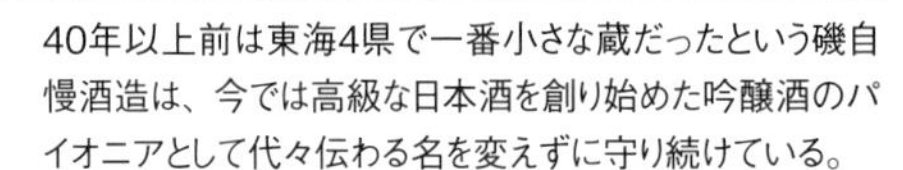

40年以上前は東海4県で一番小さな蔵だったという磯自慢酒造は、今では高級な日本酒を創り始めた吟醸酒のパイオニアとして代々伝わる名を変えずに守り続けている。

DATA
住所：静岡県焼津市鰯ヶ島307
HP：http://www.isojiman-sake.jp/

静岡系酵母を使用して静岡らしい酒を追求

磯自慢酒造は静岡県焼津市唯一の酒蔵で、天保元年（１８３０）創業の老舗酒蔵だ。創業当時は大地主、庄屋として農業経営に従事し、副業で酒造りをしていたと考えられるが、戦後に酒造りに専業化していった。日本酒は高度経済成長とともに消費量を伸ばしたが、バブル景気の頃、食の多様化に危機感を感じた磯自慢酒造は高品質な酒を造ることに舵を切り、さまざまな努力や工夫を重ねた。例えば、高級酒を造るのに欠かせない酒造好適米「山田錦」の中でも、兵庫県特Ａ地区で収穫される『東条山田錦』（商標登録）を、現地の契約農家に栽培してもらった。はじめは門前払いだったが、諦めずに米農家を訪ねて回り、米作りの手伝いをしているうちに、一人の農家の方がＪＡ兵庫に掛け合ってくれることになり使用できるようになった。東条の米を使えるまでには、６年間を要したという。２０２２年には「磯自慢　純米吟醸」がインターナショナルワイ

ロゴは国内トップクリエイティブ・ディレクターによるもの。八角形は、精米した米を徹底的に洗米した米を電子顕微鏡に乗せて見ると八角形の結晶となることから、綺麗に洗米し、給水している山田錦の結晶が水面に浮かび上がるイメージを酒造りの原点として表現している。

磯自慢酒造では、高級酒を造るのに欠かせない酒造好適米「山田錦」を酒米のほとんどに使用。兵庫県特A地区で収穫される『東条山田錦』（商標登録）を、現地の契約農家に栽培してもらっている。

ンチャレンジ2022のSAKE部門で最高賞を獲得し、世界的にも評価されているが、磯自慢酒造が最も情熱を持って取り組むのが、静岡県新酒鑑評会だ。理由は、その基準が「静岡らしい酒」＝きれいで丸く、自然な香りを持つ酒だから。そのために、酢酸イソアミルという形式の「静岡酵母」を使用している。繊細で扱いの難しい酵母で、麹造りをはじめ、酒が発酵していく過程、全てに対して注意深く面倒をみる必要があるという。八角形の結晶が水面に浮かぶように限定給水でとことん綺麗に洗米・給水をするところから始まり、しぼる工程での酒袋も徹底的に洗わなければ、静岡系酵母の威力が発揮できないほどだ。

現在の杜氏である多田信男さんは「酒造りは苦労しろ」と若手に語る。現在、醸造に携わるメンバーは13名。多田さんは70代だが、40代以下の若手も多い。酒造りのときは真剣そのものだが、年齢関係なくよく話し合い、休憩のときなどは笑いの絶えないチームだ。このようにしてできたチームワークが、クオリティの高い酒の秘訣になっている。

こだわり① 麹室

こまめに手を入れる必要のある繊細な静岡系酵母は、夜中も3時間おきに麹の様子を見にいくという。原料の麹は手造りで、麹室は全て杉板で作られている。

こだわり② 上槽室

昭和58年には約60坪の敷地に大きな冷蔵庫を作り、その中に13本のタンクを設置。年中温暖な静岡の気候でも外気温に左右されず、純米大吟醸はじめ全ての種類の酒の醗酵を低温にコントロールできるように建物をまるごと冷蔵庫に。さらに室内を清潔に保つため、内壁はステンレス製に。全国に先駆けた試みだった。平成の初期には酒母室やこのしぼり室、仕込みの部屋など、蔵の全てを冷蔵庫に建て替えた。

こだわり③ 仕込み風景

タンクは汚れがよく見えて綺麗に使い続けられるよう、内側が白いガラスになっている（白色グラスライニング）。蒸米室の釜・甑も特注品。

こだわり④ 限定吸水洗米

現在、限定吸水は良い酒を造るための一般的な手法となったが磯自慢では昭和50年代から実践していた。10kgの白米を洗米そして限定吸水するのに使用する水は300L程になる。麹に使用する米の吸水を30.5%～31%程度に、掛け米は24%～27%にしている。

代表的な銘柄

磯自慢 純米吟醸

食中酒として必要な資質を全て兼ね備えた純米吟醸酒。兵庫県東条の特A地区で栽培された山田錦を50%に精白し、スッキリと爽やかな吟醸香と柔らかな甘みの後に、酸味のあるキレを味わえる。料理の邪魔をしない、飲み飽きない味。

（内容量）720ml
（原料米：原材料）
特上特等山田錦（兵庫県特A地区東条産）、米麹
（精米歩合）麹50%　掛55%
（アルコール度数）15.8度
（使用酵母）
酢酸イソアミル系統自社保存株酵母
（日本酒度）+4~+6
（酸度）1.3

磯自慢 大吟醸純米 エメラルド

開封したてのフレッシュな印象はもちろん、グラスに注いだ時間の経過とともに変化していく香味や、舌に感じる丸みの変化も楽しめるお酒。冷やし過ぎない温度帯がおすすめ。

（内容量）720ml
（原料米：原材料）
特上米山田錦（兵庫県特A地区東条産）、米麹
（精米歩合）50%
（アルコール度数）16度以上17度未満
（使用酵母）
酢酸イソアミル系統自社保存株酵母
（日本酒度）+4～+6
（酸度）1.2

磯自慢 中取り純米大吟醸35 アダージョ

毎年醸造される「磯自慢中取り純米大吟醸35」を少量取り分け冷蔵貯蔵でじっくりと熟成させた熟成酒。蔵元自ら熟成酒の中からその年の最高品質のものを選出し“アダージョ”として世に送り出す。出荷に値しない場合は見合わせる年もある。

（内容量）720ml
（原料米：原材料）
特上AAA 西戸山田錦（兵庫県特A地区東条秋津産）、米麹
（精米歩合）35%
（アルコール度数）16度
（使用酵母）
酢酸イソアミル系統自社保存株酵母
（日本酒度）+4
（酸度）1.3

磯自慢 中取り純米大吟醸35 ビンテージ

2008年開催のG8北海道洞爺湖サミットで乾杯酒に選ばれた磯自慢酒造至高の一本。収量を度外視して造られ、神秘的な吟醸香と豊かさ、複雑さを最高のバランスで味わえる。磯自慢酒造が大切にしている静岡新酒鑑評会で数年金賞を取り続けている。

（内容量）720ml
（原料米：原材料）
特上AAA 山田錦（兵庫県特A地区東条秋津産）、米麹
（精米歩合）35%
（アルコール度数）15～16度
（使用酵母）
酢酸イソアミル系統自社保存株酵母
（日本酒度）+4
（酸度）1.3

磯自慢 大吟醸28 ノビルメンテ

山田錦を28%まで磨き上げ、麹米・掛米ともにこの米を100%使用。約50日間、じっくりと育てたもろみを自然な力で搾り、麹に潜む香気成分を純アルコールの添加で引き出した。フルーティさと透明感の増した、気品あふれる逸品。

（内容量）720ml
（原料米：原材料）
特上米山田錦ライスグレーダー2、米麹、醸造アルコール
（精米歩合）28%
（アルコール度数）16度以上17度未満
（使用酵母）
酢酸イソアミル系統自社保存株酵母
（日本酒度）非公開
（酸度）非公開

磯自慢 La Isojiman 純米大吟醸

磯自慢の酒造りの全てが詰まった最高峰の酒。最新鋭のダイヤモンドロールの精米機で精米歩合18%、限界まで丁寧に磨き上げて醸された逸品。マスカットやメロンのような豊かな吟醸香に一切の雑味を廃した濃密な甘さと深い余韻が感じられる。

（内容量）720ml
（原料米：原材料）
特上米山田錦ライスグレーダー2、米麹
（精米歩合）18%
（アルコール度数）16度以上17度未満
（使用酵母）
酢酸イソアミル系統自社保存株酵母
（日本酒度）非公開
（酸度）非公開

重厚な木箱には、深い紫のネオジウムガラスを、ダイヤモンドのようにカットしたボトルとブックレットが封入されているラグジュアリー感あふれる一本。

剣菱酒造

けんびししゅぞう

古から守られた変わらぬ剣菱の味

創業から約500年間、五家におよぶバトンの継承で飲み手に愛され続け、飢饉や明治維新、戦争、震災を乗り越えてきた剣菱酒造。平成元年の建設時に目印として社屋に乗せた大きな菰樽は、阪神・淡路大震災でも倒れなかった。

DATA
住所：神戸市東灘区
御影本町3-12-5
HP：https://www.kenbishi.co.jp/

歴史上の人物にも愛された熟成酒のみの下り酒

剣菱酒造は室町時代の1505（永正2）年に創業して以来、500年以上にわたって全ての酒蔵の醸造法の基本と代表銘柄「剣菱」の味わいを変えることなく熟練の蔵人たちが守り続けてきた。剣菱は将軍御用達となり、儒学者の頼山陽や坂本龍馬の傍らにあり、赤穂浪士たちも討ち入り前に飲んでいたとされる。

剣菱酒造の特徴は、ゴール＝どんな料理にも合う酒を造ること。これは江戸時代に、大都市での消費を狙った「下り酒」であることに由来する。地代として徴収した米を現金化するために造っていた、自分たちの地域で飲む地酒とは違い、下り酒は全国から高品質な米を買い付け、日本全国どんな料理にでも合う酒を造り続けなければ、江戸では生き残れなかった。

そのために、料理に不足しているものを補いつつ、複雑な味わいを出すために何年か熟成させた酒をうまくブレンドすることが求め

江戸時代から「料理との相性の幅の広さ」を目的としていた剣菱酒造は今や、イタリアのパルミジャーノ協会に、パルメジャーノ32ヶ月と合う日本酒として黒松剣菱が選ばれるほどに。

剣菱酒造の酒蔵を改装して2022年の4月にオープンした灘五郷酒所。世界一の酒産量を産地、灘五郷の全26蔵の日本酒が飲み比べや「旬、地元、相性、発酵」をテーマにした食が楽しめる。

兵庫県神戸市にある弓弦羽神社。伊弉册尊（いざなみのみこと）、事解之男命（ことさかのおのみこと）、速玉之男命（はやたまのおのみこと）の根本熊野三所大神を祀り、剣菱の氏神でもある。

現在のラベル。ロゴは創業時から現在まで変わらずに受け継がれている。上部が男性、下部が女性を象徴し、さらに不動明王の右手に握られている降魔の剣の刀身と鍔の形を模している。

られていた。この酒造りが今に生きているという。

「剣菱の味を変えない」ことは簡単ではない。毎年違う米から変わらぬ味を醸すには、毎年精米歩合や造り方、ブレンドを変える必要がある。米は兵庫県の契約農家から仕入れた酒米の最高峰である山田錦と愛山を使用。

水は山と海が近い西宮の宮水ならではの、山と海のミネラルをたっぷり含みつつ、鉄分のない奇跡の水を使用している。また、必要な道具は麹蓋以外、全て蔵で製造していることもこだわりのひとつだ。

そして、現在では多くの蔵が新酒を出す中、しっかりと時間をかけて旨みを増した熟成酒のみを飲み手に届け続けている。

２０２２年４月には、剣菱酒造の蔵を改装して世界一の日本酒の産地、灘五郷の酒を楽しめる飲食店をオープン。日本酒文化の発展にも貢献している。

年表でみる剣菱の歴史

- **永正2年(1505)以前**　伊丹で稲寺屋が創業。
- **寛文元年(1661)**　江戸幕府が伊丹村など10ヵ村の領有を近衛家に認め、伊丹郷町のほぼ全域が公家領になる。
- **寛文年間(1661～1672)頃**　伊丹の酒造仲間の援助で、大阪・伝法の船問屋が伊丹酒を伝法船（樽廻船）で江戸に運ぶようになる。「下り酒」が江戸を席巻。
- **元禄15年(1702)**　赤穂浪士が吉良（きら）邸への討ち入り前に、江戸で出陣酒として剣菱を飲む。
- **元文5年(1740)**　剣菱が8代将軍・徳川吉宗の御膳酒に指定され幕末まで継続。
- **寛延3年(1750)**　津国屋が江戸積み酒造人31人のなかのひとりに名を連ねる。

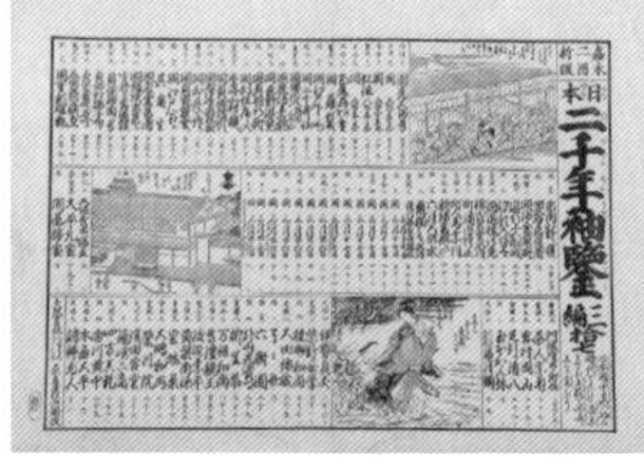

『二千年袖鑑』（剣菱酒造蔵）。

『日本山海名産図会』
（寛政11年[1799]/剣菱酒造蔵）。

剣菱の酒樽（さかだる）のふたを開ける赤穂浪士（剣菱酒造の戦前の冊子より）。

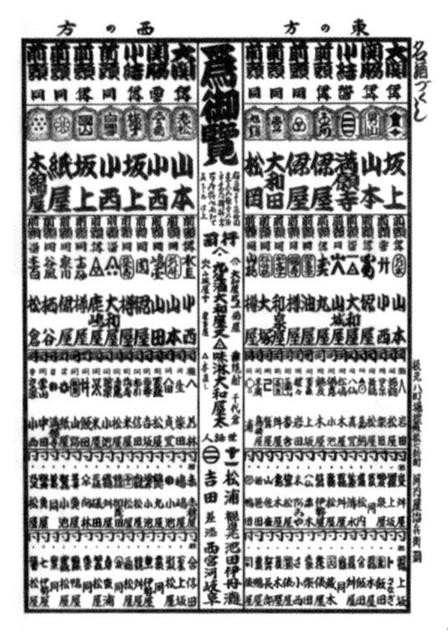

名酒づくし

東の方　西の方

為御覧

『江戸流行名酒番付』。
この頃は大関が最高位。

・文化文政期（1804～1829）

「下り酒」が最盛期を迎える。

・文化10年（1813）

国学者・平田篤胤（ひらたあつたね）の講本『伊吹於呂志（いぶきおろし）』の中に、「極楽（死後の世界）よりはこの世が楽しみだ。美濃米を飯にたいて鰻茶漬、初鰹に剣菱の酒を呑み……」と記述される。

『東海道五十三次』（隷書版）より「日本橋」（歌川広重/弘化4年～嘉永4年[1847-1851]）剣菱酒造蔵）。

・文政10年（1827）

漢詩人・頼山陽が『長古堂記』のなかで剣菱のロゴについて記す。「兵用ふべし、酒飲むべし」で始まる有名な『攝州歌（せっしゅうか）』も、最後は「伊丹の剣菱はなんと美味いじゃないか。わしは各々に一杯を返すが、君らはまだ飲めるかい」といった内容で締めくくられている。

・安政6年～文久2年（1859～1862）頃

山内容堂といえば、伊豆下田・宝福寺での勝海舟との会談で坂本龍馬の脱藩を許したエピソードがよく知られている。勝海舟の直談判に対し、山内容堂は勝海舟が酒を飲めないことを知りながら「ならば、この酒を飲み干してみよ!」と応酬。勝海舟がためらうことなく朱の大杯を飲み干すのを見た山内容堂は、坂本龍馬を許す証として自らの白扇に瓢箪を描き、その中に「歳酔（にふ）三百六十回（＝1年中[360日]酔っぱらっているという意味）。鯨海酔侯（げいかいすいこう）（山内容堂のいわばペンネーム）」と記して勝海舟に手渡したといわれている。

・明治6年（1873）

稲野利三郎が剣菱を継承。

・明治42年（1909）

池上茂兵衛が剣菱を継承。

・昭和3年（1928）

白樫政雄が剣菱を継承。この頃、日本初の近代的国語辞典とされる『言海』には酒の銘柄として登場するのは剣菱だけであった。白樫政雄はよく剣菱が載っているページを開いて知人に見せていた。

・昭和4年（1929）

灘（住吉）に剣菱酒造株式会社を設立（11月1日）。

・昭和24年（1949）

白樫政一が社長に就任する。

・平成29年（2017）

白樫政孝が社長に就任。

・平成29年（2017）

浜蔵に木工所を建設。

酒造りのこだわり

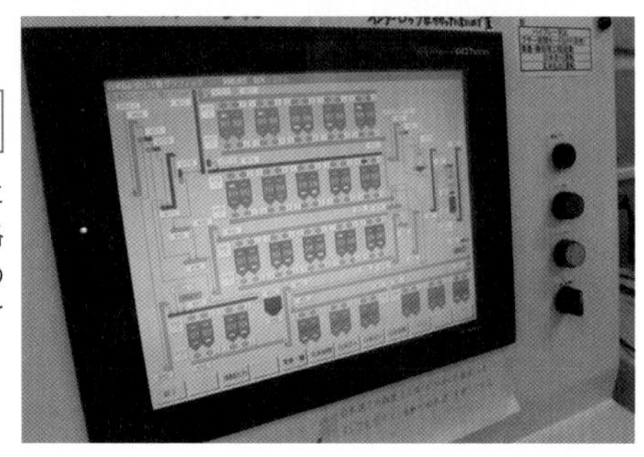

こだわり① 精米

毎年できの異なる米を自社精米することによって精米歩合を調整。米の検査員資格を持つ精米杜氏が、経験知と伝統の勘のもとで契約農家の方々が手塩にかけて育てた山田錦を丹念に磨く。

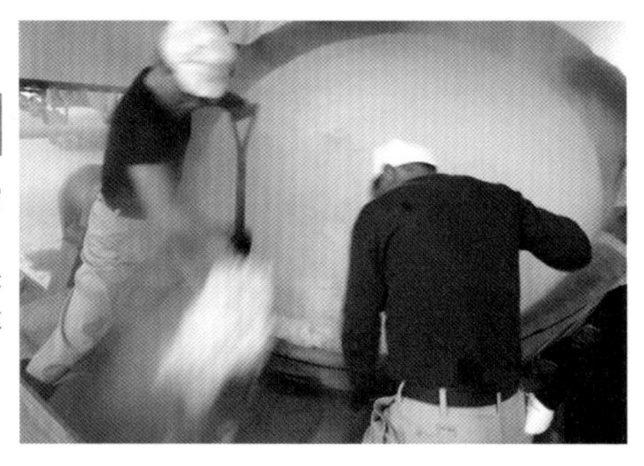

こだわり② 蒸米

余計な水分を木が吸収し、蒸し具合が安定するため今でも木製の甑を使っている。現在は木製の甑造りの職人が減少したため、2017年から甑を製作する木工所を建設し、自社で一から制作している。

こだわり③ 麹造り

酒造りは昔から「一麹（こうじ）、二酛（もと）、三造り」といわれるほど、最重要で最難関の麹造り。要となる麹室（こうじむろ）は、代々最適な設計法が伝承されており、麹室の広さや天井の高さ、床（とこ）（麹室の中央にある専用の作業台）の大きさやその高さは昔のままとなっている。

こだわり④ 酒母仕込み

酒母仕込に使用される暖気樽（だきだる）も昔ながらの杉製。ゆっくり温度が伝わっていく杉特有の熱伝導率が変わらぬ剣菱の味には欠かせない。

こだわり⑤ 宮水

天保11（1840）年に発見された宮水は神秘の水ともいわれ、今でも謎に包まれている部分が多いが、酒造りに適した水であることは広く知られている。

こだわり⑥ 醪仕込み

約30日間かけて、力強い麹が一級品の山田錦を溶かし、山廃酛（やまはいもと）で鍛え上げられた酵母が酒へ変えていく。

こだわり⑦ 酒しぼり

昔は長い木の棒の先にたくさんの石をぶら下げ、さらに人間がぶら下がって圧力をかけていたしぼりは現在、自動ろ過圧搾機によって行われている。残った酒粕は、今も昔もお酢屋さんや漬けもの屋さんの手に渡る。

こだわり⑧ 瓶詰

現在は自動化し、1分間に約300本もの瓶詰が可能になった。作業効率が上がり、異物の混入もシャットアウト。

酒造りに必要な道具と職人

どれも職人の高い技術が必要だが、現代では職人の数は減少の一途をたどる。そんな中、剣菱の味を変えないために、自社で製造してしまったのが剣菱酒造のこだわりだ。工場の建設はもちろん、職人の育成も進めている。

道具① 甑

お米を蒸すための道具。製作における技術的難易度がもっとも高い酒造道具のひとつ。材料となる杉の柾目板は入手困難なうえ、桶を締めるためにしなやかに竹を編む作業も高度な技だ。

道具② 麹蓋

麹づくりに使われる容器。底の部分は木を均一な薄さに割るという至難の技が必要だ。

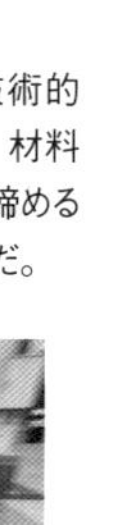

道具③ 暖気樽

酵母を増やし、酵母を活性化させる道具。日本酒の大きな特徴である「糖化」と「発酵」の同時進行には、杉製の暖気樽の絶妙な熱伝導が欠かせない。

道具④ さるこま

さるこまは甑穴（釜で発生した蒸気を甑内に導入するために甑の底にあけられた穴）の上に置いて釜からの蒸気を均一に分散させる道具。

道具⑤ ぶんじ

ぶんじは杜氏がその上で蒸米をこねて餅をつくり、米に芯がないか確認したり、蒸米や麹造りにも使用するスコップ。どちらも蔵人の手作りだったが、現在では木工職人が制作している。

道具⑥ 菰樽・樽

今ではお祝いの際によく登場する樽の制作も手作業だ。樽に巻きつけられている菰もナイロンやポリエステルになることなく上質な藁からできている。

代表的な銘柄

剣菱

剣菱酒造の最もベーシックな酒で、辛みと旨みがバランスよく調和した、飲みやすいやわらかな味わい。燗にするとさらに旨みが引き立ち、きりっと引き締まった抜群のキレ味が楽しめる。お寿司でも青魚のしめたものやアナゴ、マグロのづけなど関東よりの味付けに合いやすく、熱めの燗がコップに1/3残ったところにおでんの出汁わりをすると美味。

(内容量)
1.8L瓶／900ml瓶／300ml瓶／樽酒(4斗樽／2斗樽)
(原料米：原材料)
山田錦、愛山：米麹(山田錦)
(精米歩合) 70～75%
(アルコール度数) 16.5度
(日本酒度) +1～+2
(酸度) 1.6

黒松剣菱180ml

米の豊かな味わいを引き出した黒松剣菱が、電子レンジで約1分温めるだけで美味しい燗酒で味わえる。メーカーと共同開発した特殊な構造の瓶で、全体がしっかりと温まる構造になっている。グッドデザイン賞も受賞。

(内容量)
180ml瓶
(原料米：原材料)
山田錦、愛山：米麹(山田錦)
(精米歩合) 70～75%
(アルコール度数) 17度
(日本酒度) ±0～+1
(酸度) 1.6

黒松剣菱

米の豊潤な味わいを引き出した逸品。口に含んだ瞬間、濃厚な香りがふくらみ、存在感のある旨みが酸味や辛みと調和する。旨みの強い上方の味付けの料理とより調和し、てっちりやクエ鍋、野菜の炊き合わせ、高野豆腐や棒鱈のもどしたものなどとの相性がよい。こちらも燗で。

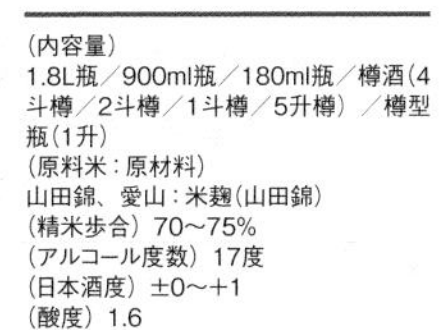
(内容量)
1.8L瓶／900ml瓶／180ml瓶／樽酒(4斗樽／2斗樽／1斗樽／5升樽)／樽型瓶(1升)
(原料米：原材料)
山田錦、愛山：米麹(山田錦)
(精米歩合) 70～75%
(アルコール度数) 17度
(日本酒度) ±0～+1
(酸度) 1.6

契約農家

お米の味をすべて溶かし込んだ濃醇な味わいが剣菱の特徴だ。その味を支えるのが「山田錦」の全国作付面積のうち8割を占める兵庫県の土壌と、米生産者との信頼関係。契約農家の惜しみない協力と挑戦に応え、昔から収穫前のお米のチェックはスーツに長靴という“正装”で田んぼに挑む。

新たな技の創造と古の技の再現を追求

油長酒造
（ゆうちょうしゅぞう）

DATA
住所：奈良県御所市
1160番地
HP：https://www.yucho-sake.jp/

米の風味と個性を活かした しぼりたてそのままの生酒

奈良県は清酒発祥の地とされ、油長酒造も江戸時代にはすでにこの地で酒造りを始めていたといわれる。もとは精油業を営んでおり、「油長」の屋号は代々名乗っていた「油屋長兵衛」から取られているという。

その油長酒造は奈良に伝わる伝統的な技法に敬意を表して１９９８年より「風の森」の名で今だからこそ造ることのできる味わいの日本酒を追求し続けている。

地元で採れた秋津穂と露葉風の2種類の米をメインに、「しぼりたての生酒を地域の方に飲んで欲しい一心でスタートしたブランドです」と語るのは油長酒造十三代目の山本長兵衛さん。

クラシックな7号酵母1種のみを使用し、30日以上じっくりと発酵させ老若男女問わず本能的に美味しいと感じる味わいを造り上げている。

また、新技術や新しい日本酒の飲み方を提案するブランドを「風の森 ＡＬＰＨＡ」

奈良県は清酒発祥の地。現代では一般的となった、白米を使うこと、日本酒を造る土台となる「酒母」造り、三段仕込、しぼる、加熱するなどの技術が室町時代の寺院によって確立されていった。

「風の森」の原料となる秋津穂米の水田。酒造りには専用の米を原料とすることも多いが、秋津穂米は食べても美味しく、風の森のブランドが立ち上がった当初から奈良県で広く栽培されていた。

油長酒造の発酵タンク。「風の森」のルールは「無濾過無加水生酒7号酵母長期低温発酵」。妥協なく30日以上、時間をかけて発酵させている。

シリーズとして多方面で挑戦を続けている。

ブランドのほとんどが生酒であることも珍しい。そのこだわりについて山本さんは「出来上がりは花のつぼみのような状態で、流通の過程でその花が少しずつ開いていくんですよ。変化を楽しむことができる一期一会の味わいが生酒の魅力です」と語る。

仕込み水は日本酒メーカーでも最も硬い部類に属す超硬水の金剛葛城山系の深層地下水を使用。味に厚みととろみがあって発酵力が強く、活発な酵母を低温にする緻密なコントロール技術を要するという。

味は米の個性を活かし五感で楽しめる「イキイキとしたライブ感があり、香りが穏やかで五味のバランスがとれた」酒造りを心がけている。

風の森とは別に、奈良の寺院に伝わる古典技法を当時の大甕仕込みで再現し、日本酒のさらなる魅力を発掘するブランド「水端（みずはな）」も2021年よりスタートしている。

日本清酒発祥の地・奈良

菩提山正暦寺では、年に一度、県内の7蔵とお寺が共同で菩提酛を仕込む。

菩提酛造りの特徴は、生米をあらかじめお寺から湧き出る仕込み水に漬けて、「そやし水」といわれる乳酸発酵水を造る工程があること。

修道院でビール醸造をするように、日本でも中世の室町時代に寺院で酒造りがさかんに行われていた。現在の酒造りの基礎も、室町時代の寺院醸造によって築かれている。

こだわり・造り方

こだわり① 金剛葛城山系の深層地下水

仕込み水には日本の酒造りでも類を見ない硬度250mg／L以上もの超硬水「金剛葛城山系の深層地下水」を使用。味わいは軽快でありながらも奥行きがあり、軟水とは質感の異なる日本酒が出来上がる。

こだわり② 7号酵母

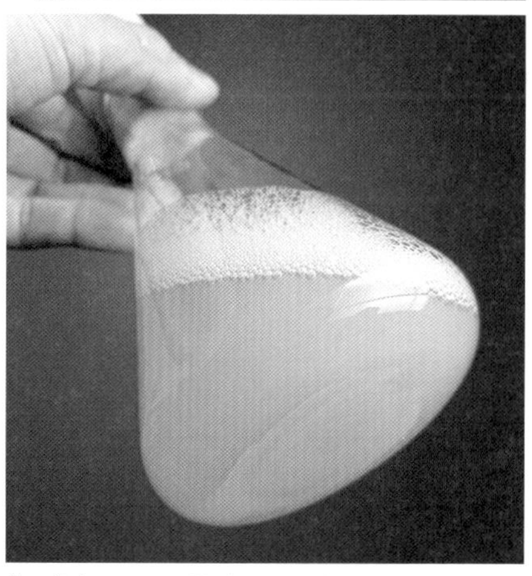

蔵で保存している7号酵母。発酵時に豊かな有機酸を生み出し味に深みを与え、お米の違いによって異なるそれぞれの香りの微妙なニュアンスをうまく表現できることが特徴。

こだわり③ 低精白米を使用

米それぞれの豊かな個性をより味わえるよう、玄米に近い低精白米も使用。ただし個性的で複雑な味がある分、飲んで「美味しい」と感じるバランスに仕上げるにも技術がいる。

こだわり④ 衛生的な環境

生酒は文字通り非加熱のため、雑菌は大敵。常に衛生的な環境を保ち、1年を通じてしぼりたての味わいを安心してお客様に届けられるよう配慮されている。

代表的な銘柄

風の森
秋津穂507

膨らみある味わいとキレの良さの調和がとれた無濾過無加水ならではの味わいで、口の中に含むと洋梨のような爽やかな香りが立つ。地元の契約栽培米である秋津穂を全量使用。

（内容量）720ml
（原料米）
秋津穂（奈良県産）
（精米歩合）50%
（アルコール度数）16度
（使用酵母）7号酵母

風の森シリーズ

代表的なラインナップ。
原料米の種類と磨きの違いを楽しむことができる。

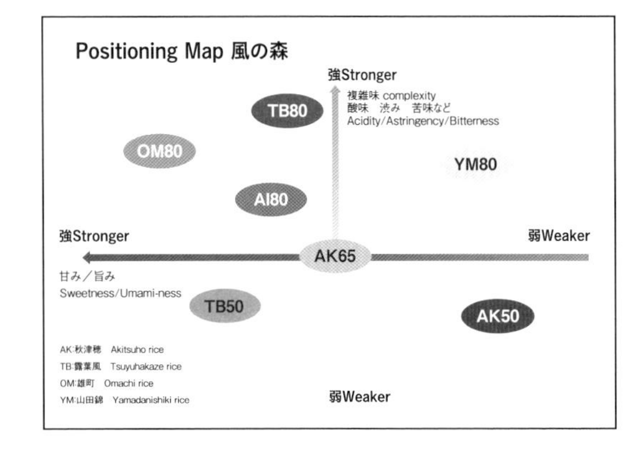

五感で味わう「風の森」。秋津穂657から始まり、米をよく磨いて滑らかな質感や豊かな果実味を最大化した507シリーズ、米をあまり磨かずに豊かな複雑味を最大化した807シリーズなどがある。

風の森 ALPHA1
「次章への扉」

より果実感や密度ある味わいを表現しつつも、アルコール分は14%と低めの設計。「次章への扉」の由来は、このお酒が日本酒の可能性を広げ、飲む人を日本酒の世界へいざなうよう祈りが込められている。

（内容量）720ml
（原料米）
秋津穂（奈良県産）
（精米歩合）65%
（アルコール度数）14度
（使用酵母）7号酵母

風の森 ALPHA

奈良固有の伝統技法菩提酛を用いた、
それぞれのテーマに沿った彩り豊かな個性派の風の森。

ALPHA1　「次章への扉」アルコール分を抑えた果実感のある味わい。

ALPHA2　「この上なき華」22%と磨き抜いた精米が独特のとろみを生む。

ALPHA3　「世界への架け橋」唯一の火入酒。海外向けに醸造。

ALPHA4　「新たなる希望」独自開発の技術で圧倒的な透明感を表現。

ALPHA5　「燗SAKEの探求」菩提酒仕込み。温度とともに味わいが変化。

ALPHA6　「6号への敬意」風の森唯一、7号酵母以外で醸されたお酒。

ALPHA7　「一期一会」自分好みのバランスでブレンドしたり、他業種とのコラボも。

ALPHA8　「大地の力」玄米を原料にした唯一無二のお酒。

風の森峠の碑。油長酒造「風の森」シリーズの由来となった、御所市内にある地名で、緑豊かな葛城金剛山麓にあり、心地よい風が一年中、峠を吹き抜けている。

世界1位の栄光を獲得した蔵元

平和酒造

へいわしゅぞう

紀土　無量山
純米吟醸

紀土ブランドの最高峰シリーズ「無量山」。酒米は兵庫県特A地区の山田錦だけを贅沢に使用している。柔らかく優しい口あたりでありつつシャープなキレが感じられる。「IWC2020」で世界1位の日本酒の栄光である最優秀賞チャンピオン・サケを獲得した。

DATA
住所：和歌山県海南市溝ノ口119番地
HP：https://www.heiwashuzou.co.jp/

平和な時代への祈りが社名の由来

昭和3年、山本保によって創業された「平和酒造」は、代々お寺であった山本家の家督を継ぐ際に、生粋の酒好きだった保が酒蔵を創業したことが始まりだ。

平和酒造のある溝ノ口は、古代から稲作が盛んであった。加えて、盆地なので朝夕の冷え込みが厳しく、高野山の伏流水である井戸水が豊富という酒造りに非常に適した環境。きれいでやさしい水の味わいを活かした酒造りを大切にし、飲みやすさと口通りのよさが特徴だ。

そんな平和酒造はこれまで幾度か廃業の危機にさらされてきたことがあるという。第二次世界大戦中は国から酒造りの休業を命じられている。

戦後も酒造免許の再開を許されず、二代目の保正が国会に足を運び、戦後の平和な時代で酒造りをするという希望を訴え、情熱の末にようやく再開の許可が下りたという。

平和どぶろく兜町醸造所

どぶろくをカジュアルに楽しむことを提案するブルワリーパブ形式の店舗。さまざまなバリエーションのどぶろくを、和歌山の名産品をふんだんに使用したバーフードと共に楽しめる。

住所：東京都中央区日本橋兜町8番11号

コンセプトショップ「平和酒店」

「紀土」「鶴梅」「平和クラフト」といったこだわりの酒を駅直結の店舗で購入可能。酒の造り手である蔵人の熱い思いに耳を傾けながら飲酒が楽しめるバーも併設している。

住所：和歌山県和歌山市東蔵前丁39「キーノ和歌山」2F

このときの、平和な世の中で酒造りができる喜びや希望が「平和酒造」の社名の由来となっている。

現在、平和酒造では自社のLOHAS～ロハス～の概念に賛同する販売店や農家の人々と共にいくつかの製品を商品化している。「あがらの田」シリーズに使用する酒米「山田錦」は、杜氏や蔵人が地域の人々と共に協力し、毎年初夏の苗付けから稲刈りまで管理して作られる。

この取り組みは、製品と出会う人に農家の人々を含め製品に関わる全ての人に思いを馳せてほしいという願いを込めて行われている。

2020年の世界最大級のワイン品評会「IWC2020」のSAKE部門では、世界1位の日本酒の栄光である最優秀賞チャンピオン・サケを獲得するなど、平和酒造の酒造りは世界に認められている。

こだわり・代表的な銘柄

リキュール鶴梅

和歌山産の物にこだわった、世界に誇れるリキュールシリーズ。リキュールというと梅を連想する人が多いかもしれないが、鶴梅シリーズで一番人気なのはたっぷりの柚子を使用した「鶴梅　ゆず」。爽やかな酸味の中にほのかな甘みがある。

（内容量）720ml／1,800ml
（原材料）
柚子(和歌山県産)、日本酒
（味）柚子の芳醇な酸味と香りが口いっぱいに広がる
（糖類/酸度）非公開

自社の畑で梅や柚子の栽培にも取り組む。

酒の大好きな平均年齢30歳の若い醸造家たちが「日本酒の魅力を伝えたい」「和歌山の風土を届けたい」と、日々情熱をもって酒造りに挑んでいる。

自社の田んぼで山田錦の栽培に取り組む。自社の酒造りへの理解を深めるだけでなく、苗付けや稲刈りを地域の方々やお客様と協力して行うことで交流・ものづくりへの情熱、和歌山の風土を育んでいる。

紀土-KID- 純米大吟醸

紀土の中でもひときわ華やかな香りと、フルーティな味わいの逸品。ふくよかな甘みと心地よい酸味が楽しめる。

(内容量) 720ml／1,800ml
(原材料) 米、米麹
(原料米) 山田錦
(精米歩合) 50%
(使用酵母) 協会1801酵母、協会9号系酵母
(酒度) -1.0
(酸度) 1.3

平和どぶろく prototype#3

もろみを濾さないため、米本来の豊かな味わいとふくらみが口の中に広がる。平和クラフトにも使用しているホップが入っており、後味はほのかな苦味、酸味ですっきり爽やか和歌山県産にこまる100%使用。

(内容量) 720ml
(原料米)
米、米麹、ホップ(和歌山県産にこまる100%使用)
(アルコール度数) 9度
(使用酵母) 非公開
(日本酒度) 非公開
(酸度) 非公開

平和クラフト PALE ALE

2012年、当時入社2年目の女性醸造家の「ビールを造りたい」という声から始まったクラフトビール「平和クラフト」。飲みやすさをテーマにしたライトな味わい。パッケージには平和の象徴である鳩が描かれている。

ペールエール
(内容量) 330ml
(原材料) 麦芽・ホップ
(アルコール度数) 5%

ホワイトエール
(内容量) 330ml
(原材料) 麦芽・ホップ
(アルコール度数) 5%

旭酒造（あさひしゅぞう）

美味しさへのこだわりで世界へ一点突破

本社前には2022年7月に完成した久杉橋が架かっている。久杉橋は2018年7月7日に起きた西日本豪雨で崩壊したが、復興の象徴として、建築家の隈研吾氏のデザインで生まれ変わった。

DATA

住所：

本社　山口県岩国市周東町獺越2167-4

獺祭ストア銀座　東京都中央区銀座五丁目10番2号GINZA MISS PARIS 1階

獺祭ストア博多　福岡県福岡市中央区天神2-5-35 岩田屋本店B2

獺祭ストア本社蔵　山口県岩国市周東町獺越2128

ただ美味い酒造りのため 伝統と最新の技術を融合

国内だけでなく海外でも高く評価され、世界30ヵ国以上に輸出されている「獺祭（だっさい）」。その酒造りの起こりは昭和23年、240年ほど前から存在していた酒蔵を現蔵元の曽祖父が購入したことから始まる。しかし、日本を代表する蔵元になるまでにはさまざまな困難があったという。

二代目蔵元の頃には売上が低迷。そこで三代目の現会長・桜井博志さんは品質重視の方向性に舵を切り、杜氏と二人三脚で純米大吟醸の醸造に着手。ある程度良質な酒ができるも夏季の需要を考えはじめた地ビールへの展開で失敗して多額の借金を抱えてしまい、杜氏と蔵人の多くが辞めてしまった。ただ、その事件が若手の社員とともにひたすら美味い酒を追求するという蔵の形につながった。その結果として、平成2年に生まれたのが、代表銘柄「獺祭」だ。

酒米として最高品質の山田錦を使った純米大吟醸のみを造り、市場2位の酒蔵の2

獺祭の世界観を飲み手に発信するアンテナショップを国内に2ヵ所構えている。ひとつは「獺祭ストア銀座」。内装や定期的に開催されるイベントなどを通じて旭酒造の思いを感じ取ることができる。もちろん購入や試飲も可能。

「獺祭ストア博多」。直営店では、保管も含めて旭酒造が理想とする環境と状態で獺祭を味わうことができる。

・5倍を超えるシェアを誇っている。その要因は純米大吟醸に特化した品質の一点突破と供給力だ。特に地酒の酒蔵はブームになっても供給が追いつかず幻の酒で終わってしまうが、実際飲んでくれるお客様に届くことを目指して酒蔵の新設や増員をして環境を整え増産。品質の良さにリピーターも増えメディアでも取り上げられてブランドとしての認知度を着実に高めていった。美味さの秘訣のひとつは米の磨き。日本一の精米歩合を目指す過程で磨くほど美味くなると理解し、自社で精米所を作って納得のいく磨きを実現。もうひとつは伝統と最新のハイブリッドであること。昔ながらの伝統だけにこだわらず、データ分析や最新機器を導入していった。結果的には効率化したわけでなく、酒造りに関わる社員は今や176名にのぼるが「最高に美味い酒を造るために全てをやっていく」と四代目の桜井一宏さんは真摯に語る。2022年9月にはニューヨークのオークション初の日本酒の出品・落札を果たし、2023年にはニューヨークの酒蔵が完成予定。美味さの進化はこれからも続く。

ニューヨーク、サザビーズでの2022年9月のオークションで、最終価格8,125ドル（約115万円）の高値で落札された「獺祭 最高を超える山田錦2021年度優勝米DASSAI Beyond the Beyond 2022」。「最高を超える山田錦プロジェクト 2021」の優勝米の特性を最大限に活かした逸品。

旭酒造の酒造りを飲み手に正しく理解してもらうために大切にしているのが蔵見学。洗米、蒸米、醗酵など、多くの過程を見学できる。見学後は、本社蔵で獺祭の試飲も可能だ。

旭酒造が世界の食文化を変えていく前線基地として、2023年初旬に完成予定のニューヨークの酒蔵。未来のミシュランスターたちが学ぶ料理大学、CIA（カリナリー・インスティテュート・オブ・アメリカ）の近くで学生に理解してもらい、日本酒をあらゆる料理の食文化に根付かせると同時に、ニューヨークの地元のお酒として新しい食文化を世界に発信する狙いがある。もうひとつは、日本の獺祭を超えるべく最高の日本酒造りに挑戦する過程で、得難い経験や失敗を通して手に入れたノウハウを日本の酒蔵にも活かそうという目的もある。

歴史

240年前からあった酒蔵を、1948（昭和23）年に桜井家が買取り、新たな酒造りを始めた。きっかけは明確ではないが、立地的に東川が近く、水の温度と気温が年中安定していて酒造りに適していることと現蔵元は推測している。

初代桜井社長就任時の写真。三代目、現会長の桜井博志さんは1984年に社長に就任し、平成2年に獺祭ブランドを立ち上げた。四代目、現社長の桜井一宏さんは2016年に社長就任。

旧社屋。三代目は、山口県の市場全体が落ち込むなか、旭酒造の売上げも苦しかったときに、品質重視の経営にかじを切った。さらに、マイナスのイメージで捉えられていた県内でなく、東京を中心に限られた酒屋に向け、高品質な「獺祭」を誕生させるに至った。

旭酒造に杜氏や蔵人はいない。酒造りに関わるメンバー、約170名のプロたちは全て社員である。この従業員数は日本酒業界でも圧倒的で、2位の10倍近くの人員だ。最高の酒造りのための最大限の手間を惜しまず、さらにこれまでのデータを蓄積・分析して最高の味を醸すハイブリット型の酒蔵といえる。

こだわり・造り方

こだわり① 獺祭 磨き二割三分

磨き二割三分で目指したのは「日本一の精米歩合」。その経験から、米を磨けば磨くほど日本酒は美味くなると気づき、また旭酒造自体も米を磨いたことによる透明感や綺麗な味わい、華やかな香りを好んだため、今では独自の精米所を持ち、日本最大級の精米工場よりも台数を揃え、90時間〜100時間かけて丁寧に磨いている。

古来、「一麹二モト」といわれ酒造りの中でも最も大切にされてきた麹造り。最高の麹を作るために必要なのは、全体の米の状態を把握し、その時々で適切な力加減で製麹を操作する経験豊かな人の手。旭酒造では四人の担当者が二昼夜半、交代しながら麹に向き合い続ける。

伝統的に行われてきた和釜の技法で蒸し上げる蒸米の過程。手間や労力はかかるが、30〜35日に及ぶ長い醗酵期間、麹が力を発揮できる外硬内軟な米にするためには欠かせない作業だ。

こだわり② 山田錦

「獺祭 最高を超える山田錦2021年度優勝米 DASSAI Beyond the Beyond 2022」の優勝米を作り上げた岡山の高田農産。

代表的な銘柄

獺祭 純米大吟醸
磨き二割三分

旭酒造のフラッグシップとなる、精米歩合23%まで磨き抜いた山田錦を使った純米大吟醸。上立ち香が華やかに香る、きれいで蜂蜜のような甘さが特徴。後口のキレはよいものの、長く余韻を楽しめる。10～12℃の温度帯が最もおすすめで、香りを楽しむには小ぶりのワイングラスを、匂いの強いつまみには口幅の広い盃を使うのがよい。

（内容量）
1,800ml／720ml／300ml／180ml
（原料米：原材料）
山田錦
（精米歩合）23%
（アルコール度数）16度
（使用酵母）非公開
（日本酒度）非公開
（酸度）非公開

獺祭 純米大吟醸
スパークリング45

純米大吟醸だからこそ実現した華やかな香りと、山田錦独特の米の甘みに加え、瓶内二次発酵で味わえる炭酸の爽やかさが特徴のスパークリング。発泡性が消える前に、一日で飲み切るべし。

（内容量）
720ml／360ml／180ml
（原料米：原材料）
山田錦
（精米歩合）45%
（アルコール度数）14度
（使用酵母）非公開
（日本酒度）非公開
（酸度）非公開

獺祭 磨き その先へ

「獺祭　純米大吟醸　磨き二割三分」の更に上をいく高精米の理想型を実現した、旭酒造の最高の酒。毎年、酒米の質に合わせて磨き抜き、仕込んだ酒のうち納得のいくものだけを飲み手に送り出す、実質的内容を持った日本型の高級酒を目指して醸された。さらに高みに挑戦し続ける。先に1～2杯「磨き二割三分」を味わったのちに飲むと、くっきりとその魅力が味わえるという。

（内容量）720ml
（原料米：原材料）
山田錦
（精米歩合）非公開
（アルコール度数）16度
（使用酵母）非公開
（日本酒度）非公開
（酸度）非公開

『地下上申』によると、旭酒造の所在地「獺越」は、「川上村に古い獺がいて、子供を化かして当村まで追越してきた」ことが由来だという。この地名の一字と、日本文学の改革者正岡子規が自らを獺祭書屋主人（獺祭とは本来、獺が祭りをするように、捕らえた魚を岸に並べることから、詩や文をつくる時多くの参考資料等を広げることを指す）と号したことから、その革命の魂を重ね、伝統や手造りに安住せず、変革と革新を続け、より優れた酒を創り出す姿勢を表現するために代表銘柄は「獺祭」と命名された。

<スタッフ>
編集・校正／浅井貴仁（ヱディットリアル株式會社）
執筆協力／向千鶴子、岡田晶代、中村晴美、後藤有和、泉ゆり子、
宮﨑千尋（アーク）
デザイナー／西川雅樹

「日本の酒蔵」のひみつ 名酒の歴史とこだわりがわかる本 もっと味わう日本酒超入門

2023年　1月30日　第1版・第1刷発行

著　者　酒蔵のひみつ研究会(さかぐらのひみつけんきゅうかい)
発行者　株式会社メイツユニバーサルコンテンツ
代表者　大羽 孝志
〒102-0093東京都千代田区平河町一丁目1-8
印　刷　株式会社厚徳社

ご意見・ご感想はホームページから承っております。
ウェブサイト　https://www.mates-publishing.co.jp/

編集長: 堀明研斗　企画担当: 野見山愛里沙